"东大伦理"系列·《伦理研究》

江苏省道德发展高端智库　江苏省公民道德与社会风尚协同创新中心　东南大学道德发展研究院

Ethical Research

伦理研究

道德发展的伦理战略　　【第八辑】

主　编：樊　浩　Thomas Pogge
　　　　Alexander N. Chumakov
执行主编：武小西

东南大学出版社
SOUTHEAST UNIVERSITY PRESS
·南京·

图书在版编目(CIP)数据

伦理研究.第八辑,道德发展的伦理战略/樊浩,
(德)涛慕思·博格,(俄)亚历山大·丘马科夫主编.——
南京:东南大学出版社,2021.12
ISBN 978-7-5641-9978-4

Ⅰ.①伦… Ⅱ.①樊…②涛…③亚… Ⅲ.①伦理学
—文集 Ⅳ.①B82-53

中国版本图书馆CIP数据核字(2021)第273992号

责任编辑:陈 淑　　责任校对:张万莹　　封面设计:余武莉　　责任印制:周荣虎

伦理研究(第八辑)——道德发展的伦理战略
Lunli Yanjiu(Di-ba Ji)——Daode Fazhan de Lunli Zhanlüe

主　　编:	樊　浩　Thomas Pogge　Alexander N. Chumakov
执行主编:	武小西
出版发行:	东南大学出版社
社　　址:	南京四牌楼2号　邮编:210096　电话:025-83793330
网　　址:	http://www.seupress.com
电子邮箱:	press@seupress.com
经　　销:	全国各地新华书店
印　　刷:	南京凯德印刷有限公司
开　　本:	889 mm×1194 mm　1/16
印　　张:	8
字　　数:	250千字
版　　次:	2021年12月第1版
印　　次:	2021年12月第1次印刷
书　　号:	ISBN 978-7-5641-9978-4
定　　价:	65.00元

本社图书若有印装质量问题,请直接与营销部联系。电话(传真):025-83791830

《伦理研究》编辑委员会

顾　　问
　　杜维明(美国)　成中英(美国)　Luca Scarantino(意大利)　郭广银
轮值主任
　　姚新中　杨国荣　万俊人
联合主编
　　樊　浩　Thomas Pogge(美国)　Alexander N. Chumakov(俄罗斯)
委　　员(以姓氏首字母为序)
　　Alexander N. Chumakov(俄罗斯)　曹　刚　董　群　樊　浩
　　贺　来　　黄　勇(中国香港)　焦国成　李晨阳(新加坡)
　　李翰林(中国香港)　李　萍　Thomas Pogge(美国)　潘小慧(中国台湾)
　　Hans Bernhard Schmid(奥地利)　孙春晨　王　珏　王庆节(中国澳门)
　　徐　嘉　阎云翔(美国)

目 录

名家论道

Reconciling Economy with Ethics and Culture: Toward Implementing
　　the Confucian Principle of Co-Humanity　　　　　　　　　成中英　001
Ethical Consensus　　　　　　　　　　　　　　　　　　Thomas Pogge　011
墙门伦理学：新时代的一种伦理建构　　　　　　　　　　　　　姚新中　020

中国道德发展

中国社会大众伦理道德共识生成的文化轨迹与文化规律　　　　　　樊　浩　030

伦理学理论形态

"伦理正义"的解释力
　　——马克思正义观研究的思想背景和可能视角　　　　　　　　高广旭　049
理性之爱与感性之爱的分野
　　——亚里士多德与马克思友爱观的比照分析　　　　　陈绪新　罗紫薇　056

中国传统伦理的转化创新

儒家人伦之理的现代发展　　　　　　　　　　　　　　　　　　徐　嘉　063
范仲淹"尊严师道"思想研究　　　　　　　　　　　　　　　　魏福明　069
孟子气节观探析　　　　　　　　　　　　　　　　　　　　　　文　敏　084

科技伦理

技术的物性与德性之思　　　　　　　　　　　　　　　　　　　陈爱华　090
算法歧视与"是-应该"问题　　　　　　　　　　　　　　　　　陈　海　097
数字经济伦理之于平台垄断问题治理的合理性研究　　　　　　　　闫茂伟　107

青年学者专栏

何谓"我们"？
　　——集体意向性研究中的第一人称复数进路　　　　　　　　　武小西　116

Reconciling Economy with Ethics and Culture: Toward Implementing the Confucian Principle of Co-Humanity

成中英[*]

Abstract: Developing economy is essential for development of the world as a globalized community of peoples living in peace and harmony. But economy has to be developed on the basis of ethics and culture, for without such a basis economy could become mere instrument and tool for achieving self-interest of a few powerful and skillful people at the expense of others. Economic competition will lose sight of the social ends and the need for co-human collaboration toward cultural advancement and fulfillment of humanity. The world therefore cannot free itself from cultural and religious clashes due to imbalance between the poor and the rich, the privileged and the deprived. For this reason, the major issue for development of economy in any state is to make the development genuinely moral and ethical. Thus, distinction has to be made between proper security considerations of a country and security considerations for the purpose of maintaining a superpower status in the world in both economic production and economic distribution or budgeting. Hence, we need a political ethics for the interplay of power games among countries in the world, in order to settle issues concerning justice on the international level.

This leads to the Confucian principle of moral co-humanity, in which equity and care and beneficence for people will have to be taken into serious consideration for any economic development. This amounts to developing the social capital for the society, not just economic capital in the hands of special groups, but to be based on good will and inter-relations of the people in economic production as well as economic distribution. Regarding the economic production we have to face the challenge of environmental ethics which is essential for survival and prosperity of all people on the globe. There is, therefore, the need to balance short-term self-interest and long-term self-interest, self-interest of a country and the self-interest of the world. Evidently, we need an ecological ethics that takes into specific consideration of ecological conditions in planning for our future, in addition to environmental ethics that focuses on our general attitude and ways of behavior toward Nature. Once we are able to achieve justice between our economy and ethics and culture and the balance issue between economy and ethics and ecology, we are on our way to a globalized world of peace and harmony.

---

[*] 成中英 (1935—), Ph.D., Harvard University. Professor, University of Hawaii at Manoa, Department of Philosophy. Interests: Chinese Philosophy (Classical and Neo-Confucianism), Comparative Philosophy.

> In this paper, I shall address all these issues based on the Confucian principles of co-humanity and justice, which have been suggested by Confucius but have yet to be fully developed in the contexts of modernization and capitalization of the contemporary world, East and West.
>
> **Keywords:** economic development, social capital, justice, co-humanity, harmony, balance

Contemporary Challenge of Reconciling Economy with Ethics and Ecology

What Marxism is really up to? The Marxist answer apparently is: to change the world for an economically sustainable future. This economic development, however, must depend on educational, scientific and technological developments which in turn must require a large amount of investment in the first place. Under such circumstances, how to prevent capitalist exploitation and bureaucratic corruption and yet to achieve public and all-people affluence guided by market values and implicit requirements for social control becomes a great challenge. We must also recognize that a socialist superstructure has to be useful and effective, in order to function as an end-goal of the collective life of a society. This is another challenge. Therefore, if a Marxist or socialist society of equitable distribution is to be developed and maintained, it has to accommodate an attitude, a method and a strategy of reconciling market economy as a productive force to social morality as productive relations conducing to equitable distribution. To say the least, this society has to introduce a comprehensive project on the education and transformation of people for the purpose of developing a common and communal intelligence for productivity on the one hand, and self-management and self-cultivation toward intellectual and spiritual fulfillment of the individual on the other. Both are needed for forming a dynamical social grouping and community that allows and perhaps even incorporates the pursuit of life satisfaction of high-quality and high degree on the part of the individual. Is this comprehensive project amounting to a new form socialist interpretation of Confucianism or a new form Confucian interpretation of Marxist socialism? How is this project to confront democracy, liberalism and human rights across cultural and national contexts in a globalizing world? In essence, how does it accommodate justice and ethics on one hand and economic power and capitalism on the other?

Apart from the above, we as modern human beings shall also have to face the challenge of requiring Eco-Ethics as the basis and a goal of economy: If relations of nations are well developed and ordered and if we are ethical among ourselves, we may avoid wars and mutual destruction. But we may still lack the moral wisdom or forget the historical lessons in our treatment of Nature and environment. Or we may simply do our things and destroy Nature for the sheer reason that we do not know how Nature functions and advances. We need wide and profound knowledge of Nature so that we can jibe with Nature in developing our economic plans, and we must take measures not to engage in exploiting Nature for short-term and selfish profits. Thus, we must come to recognize the importance of moral ecology. Moral ecology is the idea of benevolently treating nature as a living system, because it is the dwelling place for all living things with its intrinsic worth, not just a matter of rough materials for factory or simply mechanic tools to be high-handed. Once we have moral ecology in the sense of an environmental ethics, we can then move on to tackle the powers of a moral economy for development of an integral human civilization which has an intrinsic moral meaning.

The powers of a moral economy under a moral ecology are creative powers of production, distribution and consumption, renovation and innovation and fulfillment of human end-values and well-being of human communities on all levels. What is important, is to recognize that the ethical and the ecological are the basis and premises for developing and using economy for human ends. Yet, in the process of developing economic markets, one tends to forget ethics and ecology and hence tends to corrupt and harm humanity and nature in most outrageous ways without even knowing. We see examples of such corruption and harm in cases of manufacturing poisonous milk, food, toothpaste, and medicine. It is in this consideration we shall introduce the Confucian theory of a moral economy founded on a moral ecology of human society as a community of well-educated people.

The Confucian Position on Economic Balance and Moral Equity

There is an insightful statement in the Confucian text of *Daxue* which addresses the social need for a moral foundation of political economy: "To have virtue is to have the people; to have people is to have the land; to have the land is to have wealth; to have wealth is to have resources (for improving people)."[①] I shall call this the Confucian position. We shall see how this position has to be as the basis for Adam Smith's development of a capitalist economy that remains to be morally transformed.

In his book *An Inquiry into the Nature and Causes of the Wealth of Nations* published in 1776, Adam Smith speaks of an invisible hand for his proposed free market which encourages competition in manufactured goods. This leads to economic development of both a process of production and a great variety of produced goods, for everyone wants better goods for lesser prices. But the danger is that the success of the competitors could eventually enable them to monopolize and dominate the market that would become a harmful force retarding a balanced functioning of the market and thus making the rich richer and the poor poorer. This is how social injustice is created and how greed and speculation become the driving forces for capitalistic enterprises. It enables human mind to be used for devising schemes of money making as we have seen in the formation of financial markets which led to collapse in the recent financial crisis. The actual causes are not far to be gauged, but what is not realized is that the human mind is put to use in service of a greedy and selfish power, showing no care whatever for consequence, social responsibility and self-restraint for public good. Hence, as John Maynard Keynes sees, we need a visible hand of government which would prevent monopolization from happening and which would presumably control and regulate the economically powerful, so that it would not wreck the economy of an open and fair market. On the other hand, it would be used to be able to promote a smooth business cycle conducing to a more stable and fair distribution of profits and income, thus to make sure the economy work better according to a truly corrigible policy and plan for economic progress and social harmony that are the bases for human flourishing. This effectiveness of the regulatory power from government policy is well demonstrated by Keynes in his book *The General Theory of Employment, Interest and Money* published in 1936.

As we can see, nowadays in western economy the invisible hand of free market has led to many problems, one of which is the lack of a proper governmental vision, guide and control. This lack has

---

① From *Daxue*: "有德此有人,有人此有土,有土此有财,有财此有用。" See *Daxue and Zhongyong: Bilingual Edition*, translated and annotated by Ian Johnston and Wang Ping, Hong Kong: The Chinese University Press, 2012, p.96.

helped to create the current financial crisis. How greed leads to smart contravention and how such leads in turn to deceit and self-deceit in financial breakdown in such colossal enterprises as Lehman Brothers and AIG is a lesson we have to bear in mind and which we have yet to see how this did happen without a proper understanding of the purpose of economic development and economic management based on humanity.

Here I would like to cite and discuss the famous statement of Confucius in his reflection on how a state should maintain itself properly, in order to avoid disharmony(不和) and instability(不安). He says the following:

"I have heard that those in charge of a household and a state should not worry about poverty but worry about inequitable distribution, not worry about fewer people, but worry about instability. This is because fair (equitable) distribution(均) will not produce poverty; harmony(和) does not depend on whether there are more people, and with stability(安) one does not worry about toppling."①

In this discussion, I shall explain and argue in the first place that Confucius is not promoting poverty and the fewness of people. On the contrary, in *The Analects* Confucius speaks for multiplying people, seeking wealth and educating them in his role as a moral and educational philosopher. But we can also consider him as speaking as a potential political leader. He is saying that even if we are poor as a state, we may still have the problem of equity, and if a state has few people, we may still have the problem of disharmony and instability. In other words, equity does not derive from poverty of people whereas disharmony and stability do not depend on having fewer people. The question is how to maintain equity whether people are poor or rich, and how to create stability whether there are more or less people. He has concentrated on the idea of harmonization(和) as a central principle for maintaining stability and avoiding toppling(倾). It may appear that harmony should be the consequence of stability and equity, for it is in a state of stability and realization of social justice that harmony could naturally ensue. This is no doubt true, but we must still ask how stability and equity take place without some initial preconditions. The answer is that we do need harmonization as an initial condition in order to create an order of stability and equity which would then naturally lead to a state of social and political harmony. Here we are emphatic about making two crucial points:

First, harmony is not just a resultant state from an action, but an action that is possible to be initiated by human efforts to achieve interrelationships among differences in a state of the world. What are those interrelationships? They are supportive and sustainable relationships to be adduced from different elements involving the relationships. They are not something imposed from outside, but cultivated from the different elements. If there are no such relatable differences, these differences will have to cancel each other and disappear by insulation. The question is how the harmonization would initially take place. To answer this question, we have to see harmonization on two levels: on the natural and cosmic level there is harmonization in the adaptation of species to nature and ecological evolution of differentiation and integration of animal life.

There is also the level of human activities where harmonization is achieved by way of reciprocal care (regard) and mutual trust. In this sense we as humans have intelligence and ability to preserve

---

① From *The Analects* 16-1:"丘也闻有国有家者,不患贫而患不均,不患寡而患不安。盖均无贫,和无寡,安无倾。"Here I have exchanged places of 贫 and 寡 in the received text in accordance with what Confucius said in the later parts of the text.

differences as sources of creating higher forms of value. In order to do so the human mind has to be open, intelligent, public, non-selfish, and thus have to develop moral considerations for transforming incompatible differences into compatible differences, thus transforming war into peace, conflict into harmony. This is what leadership is about, namely, it is to initiate harmonizing action or to introduce harmonizing measures for transforming incompatible differences into interrelationships of mutual support and reciprocal enhancement. It is to be noted that a truly harmonizing action or policy must be in essence a just or right action which appeals to the sense of justice and fairness rooted in the heart of man.

Second, once harmonization is initiated and maintained as a primary principle, we will have harmony as an ultimate result. In many cases harmony has to come from stability and equity which come from harmonization as an initial creative force. Once we have all these desirable economic and political qualities of society, harmony in a deep sense will result and this harmony will induce more stability and equity among different elements and thus in turn induce more harmony and harmonious activities. Thus, we shall have a form of truly sustainable harmonization which guarantees sustainable harmony in the human society. The spirit of harmony will pervade in all human activities so that we need no more appeal to violent means or tyrannical measures for resolving conflicts. However, this does not mean that a state needs not to strengthen its defense against possible invasion and against destructive forces which have not been harmonized. This also does not mean that harmony could be obtained without conscientious efforts to be made by those who come to see harmonization as a creative force that produces stability and equity in human society. Harmony has to be carried out in a morally justifiable method of relating and transformation under leadership of firm determination.

Now the central question is how do we actualize harmonization and thus achieve harmony(和)? Although Confucius did not suggest explicitly how this is to be achieved in *The Analects*, it is obvious that for Confucius that 贫 and 寡 are not factors for disharmony and instability if 均 and 安 are well-maintained. It is obvious that 均 and 安 are factors which would contribute to producing 和 in a society. As a matter of fact, even though 和 may not immediately lead to 均 or equity, 和 in whatever intuitive sense could lead to 安. The point is that 安 reflects a state of both economic safety and a psychological state of non-disturbance. In the state of 安 there would not be threats coming forward from the external environment because all aggressive elements and hostile forces will be reconciled in 和. In order to sustain this state of 安, we need to address the question of equity which means balance of distributions among the haves and the have-nots. Hence whereas 和 and 安 could be mutually enhancing, 和 and 均 need not be so. This only means that we must make effort to seek 和 in 均 and 均 in 和. Here we must remember that Confucius does not intend 均 to be even distribution but some equity or fairness in distribution.

In light of this, 和 and 均 could be made mutually enhancing. This is to say that in a deep sense with a deeper reflection, one still can argue that if we really know the importance of 和 and know how 和 is to be achieved, we would also see that an overall effort to achieve and maintain 和 requires one not only to take 均 seriously as based on 安 but to take harmony seriously as a deep element of cosmic creativity and human creativity. That is to practice harmony as harmonization of differences into interrelationships of mutual support and reciprocal enhancement. The concrete ways of doing this require us to introduce moral principles of self-restraint, mutual regard, and envisioning common good from cooperation and mutual respect.

Interrelationships of Harmony and Virtues of the Culture

I have suggested that there are six levels of 和 which are to be understood morally and politically and internationally or globally.① For 和 requires consideration of how an individual person is to be internally developed by cultivation(中和), how a society is to be developed by virtues(义和), how a state is to be maintained in rectitude and justice(政通人和), and how a world of nations is to be preserved in conscientious efforts made toward peace and mutual respects of rights and obligations(协和). Following this, we shall have peace and harmony in the world as a community not only of nations but a community of world citizens. We may call it peace by harmony or 平和 or 大同之和(harmony from great unity). Eventually we can speak of supreme harmony in the unity of man with heaven and earth, namely 太和 which is the cosmic foundation and source for all harmony on all levels. As we see, most of the considerations of 和 are matters of cosmic-moral-political considerations which may show no explicit statement of economic factors. Even in the quotation I gave above, it is followed by Confucius' remark on virtues of culture:

"If so (recognizing the principles to do with 均无贫, 和无寡, 安无倾), then, when distant peoples are not satisfied with a state, the state must cultivate the virtues of culture 文德 to make them get close to it. Once they arrive, the state should make them feel well and happy 安."②

One would therefore wonder how the economy has anything to do with states of harmony 和 which may not appear to do with 均. Perhaps, at this juncture we need to recognize a distinction between the economy of 均,和,安 and politics of 均,和,安. We must recognize that there is a non-economical meaning of 均 which can be understood as fairness or equity 公平. It is not just that wealth or money distribution can be fair or unfair, power distribution and use could be also fair or unfair. Similarly, it is not only that we can speak of moral and political harmony, we can also speak of economic harmony which comes from economic equity 均 as well as comes from proper management and development of the economy policy in terms of different projects of economic developments and different economic ways of handling the development. For example, we may develop heavy industry at the expense of light industry which caters to the needs of the people. This would be not 均 and will lead to conflict of national goals with social goals and hence a matter of disharmony.

Another example is this. If we merely develop our production of goods without paying attention to transportation, we will have all forms of difficulties in maintaining economic growth in the full society. A third instance of economic disharmony resides in conflict or tension between national, regional and local economies which must be harmonized in order to gain the full benefit of development on each level. In today's project of urbanization of agricultural regions and building of modern townships from villages we have to be careful about how to make urbanization a source of social and cultural capital, rather than a place for domination of commercial or economic capital.

With the above understanding, we can see how we should interpret the 均,和,安 principles of political economy. In fact, we may have to speak of the principles of moral-political economy, because this economy based on 均,和,安 must be first understood as a moral-political economic process. It is

---

① See my article "Justice and peace in Kant and Confucius" in *Journal of Chinese Philosophy*, volume 34, no. 3, 2007, pp.345-358.
② From *The Analects* 16-1: "夫如是,故远人不服,则修文德以来之。既来之,则安之。"

aimed at achieving a society of harmony which has internal moral strength and which at the same time acquires an ability of growth in relation to others productively and yet harmoniously on a larger and even international and global level. The economy of 均,和,安 must be based on a vision of moral and political fairness, harmony and instability so that all ways of production and marketing could become economically fair, harmonious and stable.

One may also point out that the moral-political economic process is prompted by a moral vision of humanity in harmony at large which requires realization in both moral-political use and modulation of understanding of human values on the one hand, and a moral-political promotion and development of economy and its management on the other hand. Both processes must be seen as two aspects of a larger process which has its ultimate goal of meeting the economic and moral needs of people as an organic whole and should not be separated and made isolated as in the case of United States before the emergence of a new communitarian spirit in Barack Obama. It is of course necessary to note that unfortunately because of the effect of inertia of habits of heart, the present communitarian spirit in the U.S. may not succeed without a great uphill struggle.① It also needs to be pointed out that although poverty does not prevent one state or society from becoming fair, harmonious and stable, these latter values may not necessarily change the poor and few people into a state of rich and flourishing multitude. This means that we also need to recognize another fundamental principle which is natural and perhaps even necessary for growth of humanity, namely to become rich and thus be able to use more time for education and cultural and moral cultivation.

In bringing out this principle as a principle, one needs to encounter the possibility of a deviating development of this principle, namely, the corrupting and degrading effect of economic greed due to economic development. This can be seen as a challenge to cultural and moral development of humanity, and hence one needs to bring moral and cultural values as a balance against/toward mere economic or political-economic principles. In this regard, one may also see how 文德 (virtues of culture) must be cultivated in order to attract the distant, not to say to settle the nearby, for it is only by developing 文德 or virtues of the culture that one would be able to couch and embed the promotion, development and achievement of 均,和,安 in a society and give them profound significance for human development. It is in 文德 that we see a key to maintaining and sustaining an affluent society in strong economic development as we find in both developed and developing societies like the U.S. and China today.

What then specifically are these virtues of the culture(文德)? The answer is that they are no other than the virtues of 仁 ren, 义 yi, 礼 li, 智 zhi, 信 xin as taught by the ethical philosophy of Confucius. We can see how relevant they are for economic development of 均 and political development of 安. As these moral virtues have been discussed in various other places in Confucius and Confucianism, I shall be very brief in indicating their basic relevance for achieving equity in economy, stability in politics and hence harmony in society. A society needs mutual trust (or good faith 信) among its members to achieve stability. This social trust is so fundamental that no human action can be efficacious without trust in oneself and in others. But people need assurance of not only the possibility of trust but the worthiness of trust. Hence it is necessary that people should care for each other and be fair to each

---

① We can see the resistance new policies of energy use, labor benefits and health reform have met in media and congress.

other so that they can begin to trust each other. They should be assured and be convinced that governmental institutions and policies are embodiments of the values of care and fairness which makes political and social actions worthy of trust by people. This suggests that we have to rest our trust on 仁 ren and 义 yi as two archetype forms of shared humanity.

Given this foundation and content, the forms of trust have to be maintained in rules and rituals and be communicated and implemented with correct and intelligent judgment and knowledge. This says much about the importance of 礼 li as rules and rituals and 智 zhi as judgment and knowledge. Hence we now come to see how social trust xin 信 in a genuine sense requires all the other virtues while it by itself gives rise to all the moral-political economic qualities of equity, stability and harmony.

The ultimate question is who is to make all these possible. The answer is that it takes no less than an informed creative leadership of decision-makers, legislators, executive administrators, leaders, policy makers, organizers, councilors, promoters and law enforcers, and all other types of people in power to do these and to behave in accordance with these so that they become models and exemplars of these virtues of culture to people at large, thus becoming symbols for social trust for generations to come. In this sense they would embody leadership toward ever sustainable progressive economic development, political stability and social harmony.

A System of Moral-Economical Principles to Be Applied and Integrated

In light of what we have said about the moral-political processes and their required sources and resources from moral values and virtues of the culture, it is now clear that an effective and desirable leadership has to cherish and maintain a high moral standard in ethics of economic and political policy-making and economic and political management which covers both public and private enterprises. We have both hands of economy, the invisible hand of market and the visible hand of government, but we need a moral heart to use our two hands for following our initial intention in harmonization and in achieving our ultimate end in harmonization. We may indeed structure such processes and their sources and resources in formulation of fundamental principles which we have suggested in the above as a conclusion of this inquiry.

1. Principle of integrated moral-political-economic values of equity (fairness) 均, harmony 和 and stability 安: It is important to recognize that there are genuine economic values in seeking unity of economy and morality and that to do this requires insight and knowledge and practical wisdom because we must see morality and economy as belonging to each other for a large good to be achieved;

2. Principle of differentiated functions for achieving overall 均,和,安 on different levels of moral, political and economic activities. In the Confucian *Daxue*, it is seen that on different levels of human organization and relationships there are needs for equity, harmony and stability which still can be the basis for economic prosperity and development;

3. Principle of 均 as an element of 和 and 安. Here I want to make sure that justice or equity in some general sense is the basic foundation for harmony and stability;

4. Principle of mutual enhancement of 和 and 安. We should see the mutuality between the two in terms of means and ends or methods and effects. 和 and 安 can be both ends and means to each other;

5. Principle of 和 and 安 as the basis of 均. In difference from 3, we want to remind that 和 and 安

can be the source and reason or the basis for achieving 均;

6. Principle of 和 as the ultimate source of 安 and 均; in light of our analysis of the meaning of 和, we certainly must recognize that 和 is the ultimate end for human life and the ultimate source for creative solution of conflicts;

7. Principle of moral virtues or 文德 virtues of culture as sources of 和. It is clear that we must have a cultural and cosmological basis for developing our morality and virtues which nourishes the moral virtues of man;

8. Principle of moral leadership as based on 文德 virtues of culture and 和. In developing a moral economy we need to develop the morality of virtues so that we know right from wrong and therefore to be able to make the right decision;

9. Principle of economic progress and social harmony as based on moral leadership from the eight principles listed above. We need to integrate the above 8 principles for right actions.

Conclusion: A Theory of Five Forces for a Competing World of Nations

Joseph Nye, a well-known political strategist and former dean of John F. Kennedy School of Government at Harvard University, has developed a general theory of national power in terms of his ideas of hard power, soft power and smart power.[1] What he calls hard power has to do with the military set up and economic and scientific and technological systems for the development of the U.S. as a superpower in the world. What he calls soft power are democratic practice and value systems based on democracy, liberty and human rights which enable the U.S. to stand firm and function smoothly as a superpower nation. What he calls smart power has to do with strategies and policies to maintain the superpower status in the world or to protect and develop the best interests of the U.S. as a super world power. We can see how the U.S. policy of balancing and rebalancing its power and military presence in East Asia is a good illustration of the use of smart power combined with its hard power. Perhaps the very way Obama handles economy by quantifying and increasing printing money is also a good illustration of smart power combined with soft power.

But, Nye may be said to forget two basic power which should be the basis for considerations concerning what to do and what not to do for a nation in present-day world. As a nation of the world, one has to recognize one's natural resources as the natural power that can be used in many ways for good or for bad under circumstances which must be seen to have its limitations. We may call it natural power, which should be further developed to one's advantage, taking considerations of both economy and ethics. Finally, we come to the concept of moral power as a fundamental principle to assess and develop the national power of a nation. This power becomes growingly important because it will check on other forms of power so that we can make moral use of them in order to achieve moral leadership independent of political leadership. It also looks into questions of maintaining our moral practice as a people of a state or the world. It is in terms of this Principle of Moral Power we have an essential Principle of Leadership based on justice and co-humanity of care apart from developing and using Hard

---

[1] Cf. Joseph Nye's book, *Bound to Lead: The Changing Nature of American* Power, New York: Basic Books, 1990. Also consult his more recent books: *Soft Power: The Means to Success in World Politics*, New York: Public Affairs, 2004 and *The Powers to Lead*, New York: Oxford University Press, 2008.

Power, Soft Power and Smart Power for mere best interests of a nation in this age of globalization.

What is urgent for the Chinese nation is how to restore its moral power as derived from its best ethical and cultural tradition and against a background modern development of hard and soft power. As we have to use power in an appropriate way, we have or must see a mutually enhancing relationship to obtain between the moral power and the other four power in order to use any of them with the support of others.

Ethical Consensus

Thomas Pogge[*]

Abstract: Today's most advanced societies are structured according to three general normative elements: rule of law, fulfillment of basic human needs, and constrained inequality. These elements are deeply entrenched culturally to the point that citizens are expected fully to subordinate their diverse personal interests and values to their shared commitment to their society's just and fair functioning. This entrenched normative expectation of impartiality is surprising: a mother giving a favor to her own beloved child is widely denounced if she does so in the execution of a public office. Harsh and unnatural as such condemnation of nepotism can appear, it is a central precondition for the most successful societies that human beings have yet created.

Arguably, the long-term survival of humanity requires an analogous civilizational achievement on the global plane. There, as well, just and fair rules and institutional arrangements can persist only if those entrusted with their design and operation are expected to be strictly impartial in the execution of their public roles and thus are widely denounced for any favoritism toward their home country. Reflecting a mere *modus vivendi*, the current state of international relations involves the opposite expectation: that agents operating at the supranational level will act to advance the particular interests and values of their own home state. Such national nepotism prevents the emergence of a world order based on shared values, which is urgently needed for humanity to master the great challenges posed by nationally controlled advanced weapons and other dangerous technologies, by climate change, pollution and resource depletion, and by supranational lobbying resulting in inefficient and unstable international institutional arrangements that can lead to massive economic collapse.

Keywords: Global justice; Human needs; Impartiality; Inequality; *Modus vivendi*; National nepotism; Rule of law

Humanity's central task for the 21st century is the achievement of an ethical consensus among the leading societies and cultures of the world. In this paper, I seek to explain what this means, why it is important, and how we might achieve it.

We can understand the meaning and importance of "ethical consensus" by looking at the internal workings of the more advanced and successful states. Within these states, agents—individuals, corporations, associations, unions, political parties and so on—advance their interests and values

---

[*] Thomas Pogge, Leitner Professor of Philosophy and International Affairs and Director of the Global Justice Program at Yale University.

under rules. Agents abide by these rules even when doing so goes against their own interests and values, not merely for fear of punishment by the authorities and by the rest of society, but mainly because they have a genuine commitment to these rules. They want to promote their own interests and values, to be sure, but they want to do so *under rules that are just and fair*—under rules that give all other agents a fair chance to promote *their* interests and values as well.

These two agent commitments—each agent's particular commitment to its own interests and values, on the one hand, and all agents' shared commitment to just and fair rules, on the other hand—are not on a par. When two commitments are on a par, then the agent will trade them off against each other when they come into conflict or competition. Thus, an agent may divide her free time between two friends, for example, or, if she can spend a holiday with only one of them, may choose the one to whom her presence would make the greatest positive difference.

In the case at hand, however, the agent's commitment to just and fair rules subordinates and constrains the commitment to the agent's pursuit of her own interests and values. When agents have the proper commitment to just and fair rules, they will want to pursue their own interests and values *only insofar as doing so is possible within the rules*.

We can better understand this point in the simpler context of sports. Good athletes are very highly motivated and extremely eager to win any competition they enter. But they are also committed to contests taking place on a "level playing field": being governed by fair rules impartially administered. If these two commitments were on a par, such athletes would be prepared to cheat a little when they can thereby achieve a really important victory. But this is not how good athletes think. They do not count a win-by-cheating as a real victory at all. Their former commitment (to their own competitive success) is subordinate to their latter commitment and includes the latter as an internal constraint: good athletes are eager to win only *through superior performance in a fair competition with others*. Since they care nothing about other forms of "winning", they are not happy to learn that a game has been fixed for them in advance. On the contrary, they are disappointed because fixing the game destroys their chance of winning properly.

The most advanced and successful modern societies display a similar duality. Its members each have their own particular interests and values which they are eager to promote: their careers, their wealth, the happiness of their children and so on. But the same citizens also have an overriding commitment to the just and fair rules of their society and therefore want to promote their own interests and values *only insofar as they can do so under those rules*.

This commitment to just and fair rules for one's society can be analyzed into three general normative elements. The first of these elements explicates the idea of being rule-governed. It is the demand for *Rule of Law*, which means that conflicts in society are to be settled *authoritatively* and *effectively* through adjudication governed by *a system of general, mostly legal rules* adopted in advance. Such a *system of rules* involves the interplay of *three constituents*:

A consistent and complete set of substantive rules governing the conduct of individual and collective agents within some jurisdiction, which are recognized as authoritative in virtue of some *upstream procedural rules about how such substantive conduct rules* are to be authoritatively determined and revised, and are *authoritatively interpreted, applied, adjudicated* & *enforced under downstream rules and mechanisms*.

Some would add, as a somewhat more controversial further constituent, that Rule of Law also demands a division of powers, separating the officials in charge of *formulating* the laws (legislative branch) from those in charge of *interpreting* the laws (judicial branch) and both of these from the officials in charge of *implementing* the laws (executive branch).

Rule of Law ensures that society is rule-governed. It gives human agents well-protected domains of external freedom. But it does not ensure that the governing rules are just and fair: that the protected domains of external freedom are minimally adequate to the needs or dignity of human persons and not excessively unequal. To meet these additional demands, we need to add two further elements that ensure the justice and fairness of the governing rules. We can explain this addition negatively as rejection of "might makes right", rejection of the idea that the rules or their application should reflect the threat advantage or bargaining power of the participants. We can also explain these ideas positively as the demand that the system of rules governing society should be *justifiable in light of the equally weighted interests of all its human participants* (not be warped by disparities in physical strength or economic power). This conception of justice is quite rudimentary and can be specified in various ways. I will here specify it very lightly through two further elements to be added as complements to the idea of Rule of Law.

The second general element of just and fair rules is the safeguarding of every human being's basic needs. This idea has five key constituents. (1) The legal system is to be designed so that all its participants securely enjoy freedom from violence as well as from threats and fear of violence, from slavery, coercion, intimidation, harassment and duress. (2) The legal system is to be designed so that all its human participants securely enjoy freedom from deprivation: the have secure access to adequate food, water, shelter, sanitation, electricity, clothing, human interaction, education and health care. (3) The legal system is to be designed so that all its human participants securely enjoy, by themselves or in community with others, liberty of conscience, freedom of religion, freedom of expression, freedom of association and assembly, access to human knowledge, debates and cultural productions and freedom to petition political authorities. (4) The legal system is to be designed so that all its human participants securely enjoy the freedom to direct their own lives and activities and that they can choose their place of residence and profession, decide to marry and found a family, travel, own personal property. And (5) the legal system is to be designed so that all its adult participants can play a constructive role in shaping and revising its rules and procedures, and have the opportunity for input into the design of the legal system that governs their lives and their interactions with others.

The third general element of just and fair rules is a substantial constraint on the inequalities engendered by the legal system and by the structuring of the society's economy in particular. The specification of this idea is somewhat more disputed, but I think we can safely posit three main constituents. (1) The legal system must not discriminate—by assigning different rights or privileges to different people—on the basis of such factors as their gender, skin colour, sexual orientation, religion, values or political beliefs. (2) Any design decisions about the law (or the legal system more generally) should take equal account of the needs and interests of all its participants; which might be stated somewhat more precisely in terms of Pigou-Dalton: in the choice between two candidate legal design options, D_1 and D_2, if the representative groups that would do better with a decision in favor of D_1 are (i) larger (ii) *worse off and also* (iii) more strongly affected by the outcome than the representative groups that would do better with a decision in favor of D_2, then D_1 is to be chosen over $D_2$①. And (3) all participants in the legal system must have roughly equal opportunities to influence political decisions about its design. These elements are to ensure that income and wealth as well as educational and employment opportunities are widely distributed in a way that ensures that there will not emerge some small "elite" influential enough to capture or to corrupt the political system.

Today's more advanced states satisfy these three Rule-of-Law elements to different degrees and in diverse ways. But they do so sufficiently well to give rise to the peculiar dual structure of commitments I have outlined: many citizens of these societies constrain their commitment to the pursuit of their own particular interests and values by an overriding commitment to honour and to improve the rules of their society. Such citizens are of course eager to achieve success for themselves, their families, relatives, friends and associations. But they are willing to subordinate these particular pursuits to the successful realization of just and fair rules in their society. This shared willingness to prioritize their shared commitment to just rules over their diverse personal commitments vastly improves societal coordination.

That this subordination works reasonably well is easily taken for granted by those who are fortunate enough to live in such a society. Yet, it is an amazing civilizational achievement, perhaps the greatest civilizational achievement in all of human history. To see this, consider that human beings form very close bonds with one another: the bond between spouses or between parent and child, for example. And it is extremely natural for people who stand in such a very close relationship to give it enormous special weight: for a mother, say, greatly to prioritize her child over other people to whom she has a much slighter attachment or none at all. To be sure, the special weight we deem it appropriate for a mother to give to the needs and interests of her child is not unlimited; but it is nonetheless very substantial. It is all the more astonishing, then, that our ethical consensus strictly limits the *scope* of any such partiality: there are certain contexts in which a mother must not give even to very important interests of her child *any special weight at all*. When she acts as principal of a high school, for instance, submitting pupils' grades to colleges and universities, it would be wrong of her, and widely condemned by all, if she gave greater weight to her own child's very important interest in being admitted to a top university than to the analogous interest of other pupils. The same is true when she holds a public office that involves the awarding of government contracts.

The same is true even when she merely exercises the office of citizen, when she weighs in, for instance, on the question whether and how affirmative action ("reverse discrimination" in British English) should be continued in her country. In this context, it would again be wrong of her if she bases her public statements on private reasoning such as the following: "I love my children and, if they were girls, I would of course speak up in support of special quotas for girls in science and engineering. But, in fact, both of my children are boys who would bear the costs of affirmative action efforts that would also erode their competitive advantage. Out of love for my children, I will therefore use my political voice in opposition to affirmative action programs." Even opponents of affirmative

---

① The intended meaning of (ii) is: those who would do better with a decision in favor of D_1 would do worse under D_1 than those who would do better with a decision in favor of D_2 would do under D_2. Together, (ii) and (iii) entail that those who would do better with a decision in favor of D_1 would do worse under D_2 than those who would do better with a decision in favor of D_2 would do under D_1.

action would find such reasoning morally repugnant: it is widely agreed that, in their public pronouncements and electoral decisions about matters of legislation and institutional design, citizens ought to set aside their particular commitments and loyalties to focus exclusively on social justice and the national good.

This ethical consensus is surprisingly demanding. The requirement is not merely that, in cases of conflict or competition, one should give more weight to the demands of one's public roles—as parliamentarian or citizen, as judge, principal or procurement officer—than to any reasons arising from one's private roles. The requirement is rather that, in exercising one's public roles in designing and applying the rules and procedures of one's national society, one ought to be strictly impartial by *setting aside all one's private roles entirely*, *by giving no extra weight whatsoever* to the needs and interests of one's own children, spouse, parents and friends. Acting in such an official role, one is to treat its demands as providing what Joseph Raz has called *exclusionary reasons*, that is, strong first-order reasons combined with second-order reasons to set aside other first-order reasons that would otherwise have competing relevance to one's conduct decisions[①].

It is remarkable that, in many national societies, such an impartiality requirement associated with certain roles and performances has come to be internalized and honored to the extent that it is, that most citizens are genuinely disgusted when they learn that a father has used his political office to enrich his daughter, even when her gain is much greater than the social loss. Centuries of social struggle on different continents and in diverse cultures have led to this civilizational achievement. Crucially important to the historical outcome is the plain fact that, in any historical period, societies that kept ahead in terms of internalizing a strong impartiality requirement had a substantial competitive advantage over societies that were behind. By interfering with an efficient, merit-based division of labor, nepotism is a serious drag on any society's ability to solve its problems and to compete against other societies.

Let us now apply the insights from this discussion to the global plane. Here, too, we have plenty of rules: international laws and treaties, conventions, agreements, covenants, and all the rest. But we do not have an ethical consensus, any shared *moral* commitment that these rules—as well as the (upstream) procedures for determining and revising them and also the (downstream) arrangements for their interpretation, application, adjudication and enforcement—ought to be just and fair. Rather, this entire supranational system of rules is viewed as a *modus vivendi*, a bargain negotiated among self-interested states, each of which holds itself free to abandon or renegotiate the rules whenever its interests change or its power increases relative to that of the others. States view supranational rules not as serious moral constraints upon their competitive efforts but rather as themselves part of the game, instruments in the pursuit of the power they crave for advancing their own interests and values. For this reason, international relations are often described as a jungle: none of the rules that states

---

① Joseph Raz, *Practical Reason and Norms*, Princeton University Press, 1990, Chapter 1.2. The faithful execution of such official roles would be less demanding if its responsibilities were thought of as merely taking lexical priority over the occupant's private loyalties and commitments, which could then still serve as tie breakers among otherwise admissible options. If her son put in a bid that is equally good as that of another bidder, a procurement officer could then favor the bid of her son because he is her son. Our commitment to impartiality is such that, even in this case, we tend to feel better about the mother if she tosses a coin or disqualifies herself from the decision.

have adopted provides any lasting protection, because states are known to abrogate or renegotiate these rules at will. No state enjoys any security against a death spiral of descending power and standing. As its military and economic power declines, a state will be compelled to accept less favorable terms of cooperation by other states. This will further weaken its military and economic power. States enjoy no ultimate protection against even the very worst outcomes: history knows many societies that were annihilated—through physical destruction or forcible incorporation into other societies. In international relations, "might makes right" is still the highest norm.

We find this point well-illustrated when we take the anti-nepotism requirement from the national to the global level. It is clear that present global political decision-making does not remotely satisfy an analogous impartiality requirement; in fact, the supranational analogue of nepotism is so widely taken for granted that there is not even a word for it. The dominant view is that those involved in the creation and revision of international laws, treaties, agreements, or conventions or in the design or modification of intergovernmental agencies and organizations are morally permitted—even encouraged- robustly to advance the interests of their home country in such activities. This dominant view is tolerant of such national partiality even in regard to the interpretation, application, adjudication and enforcement of international laws, treaties, agreements and conventions and in regard to the daily operation of intergovernmental agencies and organizations.

This expectation of national partiality is most clearly instantiated in organs like the UN Security Council and the UN General Assembly where delegates display only a minimal rhetorical commitment to the UN Charter, other international law, global justice and the common good. There is more of an impartiality expectation in regard to the UN officers and heads of UN agencies who are charged with administering and implementing intergovernmental rules and decisions and who are highly dependent on many governments for their positions as well as for their budgets①. But it is widely expected and accepted that even most international officials—members of the WTO Appellate Body, for example, and even judges at the International Court of Justice—give disproportionate weight to the interests of their own country and its governing elites. In the context of such wide acceptance, these persons do in fact often and blatantly favor their home country in ways that would be met with near-unanimous condemnation at the national level. National governments consequently expend considerable efforts on filling important such positions with a compatriot. Consider the extreme length to which the US government regularly goes to ensure that the President of the World Bank will be one of their own.

---

① The UN Secretary-General and UN staff are required to sign the following declaration: "I solemnly declare and promise to exercise in all loyalty, discretion and conscience the functions entrusted to me as an international civil servant of the United Nations, to discharge these functions and regulate my conduct with the interests of the United Nations only in view, and not to seek or accept instructions in regard to the performance of my duties from any Government or other source external to the Organization." *Staff Regulations and Rules of the United Nations* (https://undocs.org/ST/SGB/2018/1, accessed 20/08/2021). Also, Article 100 of the United Nations Charter states: "1. In the performance of their duties, the Secretary-General and the staff shall not seek or receive instructions from any government or from any other authority external to the Organization. They shall refrain from any action which might reflect on their position as international officials responsible only to the Organization. 2. Each Member of the United Nations undertakes to respect the exclusively international character of the responsibilities of the Secretary-General and the staff and not to seek to influence them in the discharge of their responsibilities" (https://www.un.org/en/about-us/un-charter/chapter-15, accessed 20/08/2021). Now, of course, powerful member states seek to influence the Secretary-General quite frequently behind the scenes, in violation of this provision. And even the instructions UN staff officials receive from the UN Security Council and General Assembly are shaped by intergovernmental negotiations driven by the partisan interests and highly unequal bargaining power of states.

This effort stands in stark contrast to the (quite negligible) effort that the government and citizens of Texas expend toward ensuring that the US President will be someone from Texas. The difference cannot be explained by the greater power and influence of the President of the World Bank on the contrary! Rather, the difference is primarily explained by the fact that state officials and citizens throughout the US know that the President of the United States will not and politically could not substantially favor the interests of his or her home state; whereas government officials and individuals around the world well understand that the President of the World Bank will run the Bank to promote US economic and political interests and US ideological commitments, and that such conduct will be expected and accepted by the global elites and replicated by other intergovernmental officials and national governments①.

A global impartiality requirement is then, relative to the *status quo*, a quite radical proposal and yet also one that is quite obviously continuous with the national impartiality requirements that are widely accepted—at least in word if not always in deed in the more advanced national societies. Widespread acceptance of a global impartiality requirement around the world could begin to reduce the enormous inequality that has been built up over the last few centuries of Western dominance. And its acceptance is perhaps not all that unrealistic politically, once people understand that supranational institutional arrangements and supranational governance organizations have become highly influential in their distributive effects and rather similar in their authority and functioning to national institutional arrangements and national governmental agencies. As in the corresponding national historical processes, moral insight can be reinforced by a prudential appreciation of the collective costs imposed by national nepotism.

What we cannot count on in the global case, though, are the competitive pressures that have probably played a substantial role in the historical achievement of an unnatural but now (in some countries) deeply entrenched national impartiality requirement. It is clear enough that the global governance structures that have grown by leaps and bounds in the decades since the end of the Cold War—infested as they are with national nepotism—will not be able to solve the challenges facing human civilization. Foremost among these challenges are the threats posed by nationally controlled advanced weapons and other dangerous technologies, the risk of ecological catastrophe through climate change, pollution or resource depletion, and the dangers posed by supranational lobbying resulting in inefficient and unstable supranational institutional arrangements that can lead to massive economic collapse. If humanity is to master these existential challenges, we must learn to reject national nepotism and to expunge it from our supranational rule making and international organizations. Given

---

① In light of the huge discrepancy between the sketched demands of a global impartiality requirement and such common practices and perceptions, one might wonder whether the impartiality requirement is morally appropriate for the world at large. Such doubt might be substantiated in two distinct ways. One might reject the requirement wholesale, that is, even in regard to national political decision making. Or one could reject it specifically for the realm of *global* political decision making. In the latter case, one would then have to explain the dis analogy. Paradigmatic efforts to do so are Michael Blake, "Distributive Justice, State Coercion, and Autonomy," *Philosophy and Public Affairs* 2001,30(3), 257–296, and Thomas Nagel, "The Problem of Global Justice" *Philosophy and Public Affairs* 2005,33(2), 113–147, pointing to certain special features of intra-societal cooperation that supposedly make certain principles of justice applicable within, but not beyond societies. A general problem for such arguments is that they must explain why such principles apply even to societies in which the selected special features are absent; to societies divided by caste, class or religion, for instance, in which the rulers make no pretensions to ruling in the name or for the benefit of all.

the magnitude of the threats, it would be good if we could get on with this crucial task before disaster strikes.

Now rules, procedures and other institutional arrangements are not living accountable creatures who could be expected to conform themselves to moral standards. Rather, their character and effects depend on the human agents who formulate, shape, design, interpret, apply, enforce, obey, violate, undermine or ignore them. Thus, moral prescriptions about what criteria supranational rules and practices ought to meet must ultimately be cashed out as moral prescriptions addressed to human agents and specifically to their conduct in regard to such rules and practices. And, similarly, for moral prescriptions addressed to collective agents such as governments, international organizations, multinational corporations and NGOs. The global impartiality requirement is ultimately, then, a differentiation in the standards of moral assessment applying to the conduct of individual human agents. While they may and should give priority to their near and dear in their personal conduct, and to their home country when they represent it in a fairly structured competitive context, they should be committed to being suitably *impartial* in contexts where they—as individuals or in some official role or on behalf of a state or enterprise—contribute to the formulation, interpretation or implementation of supranational rules and procedures. In such contexts, their overriding concern ought to be that these rules and practices collectively accord with the three elements of just and fair rule-governed cooperation. This requirement is strong and extensive enough to ensure that, if most of us honor it, the ensemble of supranational institutional arrangements will have the requisite impartiality, organizing a genuine *cosmopolis* in which countries, enterprises and individuals can safely cooperate and compete on a level playing field.

To conclude, to solve the great global problems of the 21st century, we need to make progress toward a genuinely ethical consensus among the world's societies and cultures. A model for such an ethical consensus already exists in many national societies, China included. Our task is to extend this model to the global plane. This would involve national and international politicians and officials, as well as the world's citizens to develop a genuine moral allegiance to supranational rules as well as to procedures for their creation and revision plus also arrangements for their interpretation, adjudication and enforcement.

Intellectually, this task is manageable. National impartiality requirements are now deeply entrenched in the more advanced national societies. Anti-nepotism has a long and distinguished tradition in China as well as much more recent but also inspiringly passionate support elsewhere as documented, most recently, in South Korea (the long jail terms for ex-President Park Geun-Hye and her confidante Choi Soon-Sil, with the taming of the corrupting chaebol), Malaysia (the dislodging of the long-governing *Barisan Nasional* in the wake of the 1MDB corruption scandal), Brazil (the struggle against corruption triggered by *Operação Lava Jato*) and South Africa (the removal of hyper-corrupt President Jacob Zuma). It should thus be possible to gain a foothold for the idea that it is as shameful to subvert the justice of our *global* institutional order for the benefit of *one's own country* (or, more likely, its elites) as it is to subvert the justice of *one's country's national legal system* for the sake of *benefiting oneself or one's family and friends*.

Politically, the task is daunting. The achievement of a genuinely ethical consensus would make military might almost irrelevant (as the capacity for violence has in fact become irrelevant in the more advanced national societies) and would also reduce the significance of economic might as well, since rule-making would be based on an equal concern for the needs and interests of all human beings. Such a shift would substantially reduce the importance of states whose current power derives very largely from their military might, which are, first and foremost, the US, Russia, Pakistan, Israel and North Korea. Still beholden to the traditional conception of international relations as a jungle, these states—and especially their governing elites—will be most eager to prevent the needed transition in order to preserve their power and standing. Unfortunately, they are likely to succeed, for the simple reason that international tensions, hostilities and crises—which perpetuate distrust and keep the frightful image of the international jungle vividly before us—are much easier to trigger than to preempt and avert. Under all its diverse Presidents, the US is forever deploying its mighty military in many places around the world—not because such costly deployments solve any real problems or even bring specific benefits to the US, but primarily just to keep the world mindful of the importance of military might, in regard to which the US is the world champion. While enhancing the political power of the United States, this posture also reduces humanity's chances of survival. We are unlikely to solve the world's existential challenges so long as states must assign highest priority to the imperative of maximizing their power in order to protect their basic interests and values from one another's hostility. And yet, the transition is morally necessary and probably even necessary for humanity's long-term survival. Our task therefore is to join forces in order to make this transition politically less unlikely.

墙门伦理学:新时代的一种伦理建构

姚新中

(中国人民大学 伦理学与道德建设研究中心,北京 100872)

> **摘 要**:近年来,"墙"与"门"的话题在国际政治生活中越来越受到重视。从墙与门这组概念的历史意义与文化意义入手,可以探讨墙作为隔离、封闭与门作为交流、开放所建构的伦理世界;考察墙与门之间的张力在现实生活中如何构成各种各样的道德困境、如何拷问我们的伦理智慧、如何在新语境中建构墙门伦理学;论证我们如何审视今天的世界和如何期盼未来的伦理决定着在全球一体化过程中可否化解墙与门的张力以及能否形成新的门墙统一体。
>
> **关键词**:墙门伦理;国际伦理;全球化

近年来,"墙"与"门"的话题在国际政治生活中越来越受到重视。2016 年,主张"建墙"的特朗普胜选;2020 年,时任美国国务卿蓬佩奥在尼克松故居发表演讲,提出要把尼克松"打开中美交流关系的大门"关上。也是在同一年,中美互相关闭了在对方的一些领事馆。频繁提及的墙与门、种种关于"墙"和"门"的政治事件,让人们有种感觉,似乎"墙"和"门"并不仅仅是眼中看到的、实实在在的墙和门,更是有着其背后的广泛象征意义和深刻价值蕴涵。

从伦理学的视角看,看似在生活中司空见惯的"墙"和"门",其实背后隐含着许多值得理解、值得思考的伦理问题。我们每个人在自己的成长过程中,都要不停地"建门""修门",也在反复地"筑墙""拆墙"或"补墙",肯定自己存在的中心和边缘,决定包容谁、与谁相区别。每个国家也面临类似的问题,如何筑就国家之墙、如何维护有形无形的边界墙("国家安全")、如何打开大门("对外开放")、开多大的门、开什么样的门(怎样对外开放),既要保护国家利益国民安全,同时又要与世界保持良性互动、动态交流。因此,如何理解墙与门的关系,如何在墙与门的互动中成长起来,不仅仅是个实践问题,也是个伦理问题。

从人类文明发展的历史维度看,墙与门的关系经历了几个不同的阶段。第一个是"前墙时代",当时人与自然为一,不知道建墙,墙和门看似都不存在。但实际上无形之门无处不在,在门墙的关系中,"门"是占主导地位的;人没有自主性,完全地"对外开放",人的自我意识没有强大到把自己和自然分开,更没有能力通过"墙"来保护自己。第二个阶段是"有墙时代",人与自然分离,即人开始有独立的自主意识、我它分离:它者意识的出现标志着文明的开端;哲学起源于对它者说"不",而"不"的现实就是要建墙;有墙之后才有门,门后于墙:门隐喻着人的交往性开启,但交往性受制于个体性、主体性、集体性。人已经形成了独我和自主的意识,要把自己与自然进行分离,在现实中就表现为开始"建墙",在门墙的关系里面,墙是占主导地位的;同时,人不仅要将自己与自然分开,也将自己与他人分开,从而产生了自我与他者的关系,这就表现为承担沟通交流的"门"的诞生。第三个阶段是"后墙时代",在这个时代以全球化为体现的文明活动可以形象地比喻为"去墙化",而反全球化就是要堵住已经打开的大门,要重新建墙,而去全球化就是要维护和修补经济之墙、政治之墙,缩小交流之门。但真正的后墙时代不应该是这样的。我个人认为,真正的"后墙时代"要实现的是墙门合一,形成墙门统一体,从而完成对于门墙关系的超越。

从文明的维度上看,墙门关系在世界不同文明中是有共性和普遍价值的一组关系。无论哪种文明,无论是海洋文明、农耕文明还是游牧文明,都有墙和门及其关系带来的影响。相较而言,海洋文明的主要活动是上船、上岸、下船、下岸,所有的海岸港口都是"门",因此成就了以门为主的文明。"门"代表着自由交流、交往,逐渐成为文明的最高价值。农耕文明的主要活动是定居、耕作,不仅要保护自己的财产和人身安全,而且要划定彼此之间的界限,"门"开在"墙"中,而后者的价值日益受到重视,在其中"墙"是占主导地位的,门从属于墙、依附于墙。农耕文明有墙有门:安定是最好的状态,而游牧文明介于海洋文明与农耕文明之间。传统以天下为界,但现代民族国家必须有墙;有墙与工业文明的内在本质有矛盾,因此出现现代墙门之间的紧张。中国墙—门文明与世界其他墙门观念如何和谐共存?中国传统社会秩序的形成与维系如何表现在墙门矛盾之中?中国特色市场经济与世界市场之间的关系:中国之墙门如何与其他国家之墙门和谐相处?如何从地方性的知识引申出世界性的共同价值?中国文明重视和而不同,和是主要的,不同是次要的;和是目的、不同是手段;和是门,不同是墙:现实是墙,但理想是门。因此,无论不同文明在"墙"与"门"之间侧重何者,把握个性和共性、地方化与全球化、特色与普世的关系,都是可以从墙门关系的文化维度中进行提炼和思考的伦理问题。

总之,墙与门这对概念,从历史和文化的意义上看都具有非常深刻的伦理意蕴。墙作为"隔离封闭"的象征、门作为"交流开放"的象征,二者的张力在现实生活中构成了各种各样的道德困境,拷问人们的伦理智慧。从墙和门的历史意义与文化意义入手,可以建构一种对当代世界的伦理方案,也就是由墙和门组成的伦理世界,意在化解墙与门之间的张力,形成墙门统一体。

本文分为五个部分。我将重点论述四个方面:第一个是墙与门的概念及其关系分析,第二个是墙门关系的伦理向度,第三个是墙门伦理的现实性与当代性,最后是墙门伦理学,也就是墙门一体时代的当代国际伦理规范。从这四个方面的论述出发,我将在最后一部分试着回答墙与门的"时代之问":第一,传统墙门关系和当代墙门关系之间的异同;第二,当代的墙门关系怎样革新、如何走向未来;第三,墙门一体时代的当代国际伦理,能否对于文明的共存、沟通、互鉴,能否对于人类命运共同体的建构,起到积极的作用。

一、墙门概念及其关系

分析墙与门的关系,首先要分别弄明白"墙"和"门"究竟是什么。墙,按照《汉语大字典》的定义,就是指用土著或者砖石等砌成的屏障与周边;而"城",是都邑四周用作防守的城垣,内称城,外称郭。从这两个概念的比较就能看出,"城"和"墙"在中文里是相通的。世界上最有名的"城",是中国的万里长城,英文叫"the Great Wall",就很能表现出"城"与"墙"在中文语境里的高度同义性。中国两千多年不断修建作为防卫工事的长城,屡废屡修,最后形成的建筑综合体,被认为是中华民族古老文明的丰碑和智慧结晶,象征着中华民族的血脉相承和民族精神,是中国文明的象征。英国也有长城,是公元 122 年罗马皇帝哈德良(公元 76-138 年)巡视不列颠岛时,为了把"文明"的罗马人和北部的野蛮人分开,修建的"哈德良长城"。不管是中国还是英国,"长城"的作用都有两个,一个是防御、一个是分割,这就是"墙"在历史上的作用和含义。在当代,墙的作用和含义延续了下来,不管是 20 世纪 80 年代末被推倒的、留下巨大文明烙印的柏林墙,还是以色列和巴勒斯坦、美国和墨西哥的隔离墙,也都是起到"防御""分割"的作用。从历史到当代,站在国家的角度看,在战争动荡时期"城在人在、城破人亡",在和平时期墙也是防范或抵御外敌可能侵略的第一道防线,墙在此时表现出隔离、限制、独立等等面向,对文明国家起到了保护作用。

但是,在当代,墙又出现了新的延伸含义。在经济领域,国与国之间存在贸易壁垒,在国家之间、地区之间制造了阻断;国家通过经济协议争取自贸协定,突破墙的边缘限制,实现国与国之间、地区与地区之间的融合;在政治领域,各种国家、政党、团体的组织纪律和习俗规范将人与人、团队与团队之间分离开来,上升到意识形态的维度,又有国与国之间的意识形态斗争。20 世纪后半叶的"两个世界"之间的对立,也是以墙的方式展开,期中的冷战给人类文明带来了巨大的威胁,期中的竞争也助推人类文明实现了长足的发展。用哲学的语言来描述，历来都存在两种类型的墙：一种是实体墙，包括可见的墙和不可见的墙，前者如院墙、城墙、隔离墙、人墙，后者如电子墙、数据墙、"防火墙"，都是有形的；另一种是观念墙，包括硬性的墙和软性的墙，前者如法律、戒律、规范、礼仪和习俗，如政治墙（党内党外）、制度墙（"非礼勿视"、户口制度）、道德墙（"道不同不相为谋"）、习俗墙，后者如常识墙（"不得越雷池一步"）、观念墙（"老死不相往来"）、境界墙（"子贡之墙"与"夫子之墙"）等都是无形的。

就此而言，人们是在社会实践中发展出了墙的文明。上文提到，从"前墙时代"到"有墙时代"的转变，人与自然开始分离，人需要用墙保护自己免于自然的侵扰。这种对于人的"保护"，事实上成了文明区别于野蛮的起点，也就是说，人类文明从诞生起就内含了墙的文明。随着人类文明的发展，简单的个人活动连结起来扩展成为大规模的、协调的群体活动，墙也就因为群体活动具备的伦理性而产生了伦理意蕴。群体并非简单的个人相加之和，人类文明发展需要以族群、部落、民族、政治团体和国家等形式将个人组织起来，这就使得墙从单纯的实体墙演化出了观念墙。墙的文明的不断分化和扩展，各种各样的"筑墙活动"使得不同族群产生了不同的社会文化，这些文化又反过来丰富墙的伦理意蕴，产生出象征性或隐喻的含义；这些含义又衍生出政治和道德的应用程序和各种层次的机构，构建社会等级、道德规范和伦理身份。综上所述，墙文明不断发展的过程，就是人类活动从人与自然分离开始，以人与人的分化、文化渗透性与墙隔离性的互动为其发展方式的过程，而观念的"软性"墙越来越在人类生活和社会活动中占据着重要的地位，起着越来越关键的作用。

在人类文明发展过程中建构起的墙文化包括三个层面的伦理关系。最常见和普遍的关系，是"保护性"的伦理关系，这种伦理关系建立人与自然、人与人之间的分离。保护分为抵抗和防范，从抵抗的方面看，人要通过"墙"保护自己免于自然和野蛮的侵犯，前者如"河堤""大坝"以抵御洪水的侵害，后者如中国的长城、英国的哈德良长城，以抵抗所谓的野蛮人入侵。从防范的方面看，在没有被侵犯的情况下，还要预先免于这种危险或威胁，把墙建起来，免于外部的渗透和可能的侵略。第二个层面的关系，是"隔离性"的伦理关系，体现出人的排他性；这种排他体现为人与人之间的隔离墙，而这种墙可能是实体的，也可能是观念上的。第三个层面的关系是"认同"的关系，墙内之人的身份被重构，以区分于其他墙外之人的方式建构起"处于一个共同体"的认识，从而使群体的伦理关系成为可能。墙文明的伦理关系，是人类文明必备的要素，具有很重要的意义。但是，建墙只是人类文明发展的一个方面。建墙和修墙的过程也必须要考虑到"门"，考虑到人与自然、人与人之间的互动，否则人就会被墙锁死在一定区域，甚至会导致文明的消亡或群体丧失活力。由此，我们的墙文明都要包含着"门"的文化，墙与门构成了相互依存的关系。

"门"在汉语词典中的含义具有多样性。第一个含义，是出入口，又指在出入口上可以开与关的装置。第二个含义，就是家族、家庭，比如"门第""名门"。第三个含义，是宗教教派、学术派系，比如"孔门""儒门""教门"。第四个含义，是事物的分类，即"界门纲目科属种"中的"门"，也是"分门别类"的"门"。从这些含义当中，似乎可以看到"门"既有开放、出入的性质，区别于"墙"，又有认同、区分的含义，与"墙"有着高度的相似性。门的多样性就体现在这里，它既区别于墙、与墙对立，又联系于墙、与墙相互依存。

从门的本身含义出发，也同样可以构建出门的文化。门文明首先当然是开放的文明，比如文明与野蛮、人与自然之间展开互动的节点就是门；不同文明之间互动的节点也是门。人们常常会把自己的规定加之于门，比如北京过去的所谓"九门走九车"，每个门各自担负着一种物资的运输，崇文门运酒、朝阳门运粮等等。但是，门文化也有封闭的性质，比如山海关、居庸关、雁门关等等，都是在天险当中选择重要地点修建关城，以保护关内文明。城外与城内常常有着严格的区别，但同时关城也作为不同文明互动的通道。在开放与封闭之中，门和墙统一成为关，二者共同构成了一个兼具封闭性与开放性、封闭性规定开放的限度的文明符号。由此，门文化展现出其独特的维度——双重性维度，也就是开放和关闭的双重性、自主开放和被迫开放的双重性，开放向天堂还是地狱、幸福还是痛苦的双重性。

与墙文明类似，门文化也构成了四个层面的伦理关系。按照上述界定，第一，门是一种关系，包括门里门外、出门进门等等关系；第二，门是一种规范，有规范我们才能够顺着这个门出去；第三，门还是一种修养，只有修养之后你才能有门，或才能找到合适的门；第四，门是一种境界，你的境界达不到，也就无法找到门。门的含义在一定意义上是被墙规定的。因而，论述门的文化及其伦理含义，就不能不考虑墙与门的关系问题。

门首先以区别于墙的方式定义其自身。墙本来的意思就是隔离、分离和孤立，那么门就是沟通、交通和交织，否则就没有门的必要；墙是要保护、防护和戒备，那么门就是要开放和欢迎；墙是要强调人的主体性、自我同一性，那么门就是要强调交互性和他者；墙是要抵抗、阻挡，而门是要融入、接纳。墙是封闭的、门是开放的；墙具备抵抗性而门具备顺从性；墙具有独立性而门则具有依赖性；墙定义自我，而门使自我在某些层面等同于他者。在所有这些维度上，墙和门之间具有很强的张力。

但是，门又是墙自身所必需的，从而门和墙最终体现为统一关系中的两个相互依赖的要素。没有门的墙会扼杀个人和文明的生存，因此墙无法离开门而存在，门是墙的内在需要，也是墙的必然延伸；反过来，正如拆除城墙同时也会拆除城门，如果没有墙，门也无法存在。从伦理的角度分析，墙文明在人类活动中具备第一性，但是门的存在才使得墙的保护、隔离、认同的作用得以可能，二者间存在一种共生、共存、共荣的关系。因此，墙文化和门文化就是同一种文明的两个侧面，是同一个人类活动过程产生的一对相互区别、相互统一的文化概念。墙的文明与门的文明，要以墙与门的文明整体进行理解和分析。

二、墙门关系的伦理

上文讨论了墙与门的文明，接下来要从伦理的角度对这二者的关系进行剖析。笼统地来说，墙的文明在中国得到了最深刻的发展，不理解墙就无法理解中华文明的特质。中国历朝历代的都城都以具备高耸城墙、高大城门的形式体现其文明之繁华；中国社会的政治权力以宫墙、宫门的形式体现礼制的内涵，从院墙、宫墙、城墙到长城，也是一种中国传统（尤其是儒家传统）由个体自身外推于家、国、天下之过程在建筑上的体现；中国的墙文明不仅有其封闭性，也体现了逐渐扩大、不断重构的文明性和进步性。

中国的传统墙文明以伦理性为其最重要的特征。在中国的文明观念中，"墙"首先是一种政治分隔、一种知识界限，如《荀子·君道》中说，"墙之外，目不见也；里之前，耳不闻也；而人主之守司，远者天下，近者境内，不可不略知也"，将"墙"理解为治理的边界和政治知识的限度。与这种观念相匹配的是，中国古代将"修墙"视为亡者祭礼和生者治理的重要活动，如"有虞氏瓦棺，夏后氏堲周，殷人棺椁，周人墙置翣"（《礼记·檀弓上》）、"古者天子、诸侯……筑宫仞有三尺，棘墙而外闭之"（《礼记·祭义》），由此，墙就成为生与死、君王与臣民的分化手段。我们这里强调墙的分化和分离作用，这是植根于儒家的伦理；通过"墙"培养出我们与他人的区别，或者说强化我们与他人的区别，这也可以说体现了安乐哲先生称之为"角色伦理"的特征。儒家伦理就是这样一种角色伦理，从历史来讲，也就是"君君臣臣，父父子子"，构成了中国人的世界观的基础，从"礼"的角度得以发展。

但是，儒家伦理对于社会分隔、阶层分离并不仅仅只是赞同而已。对儒家来说，分离、分隔是重要的，但是它必须受制于德性的协调。首先，隔离要受制于"中庸"，可以隔离但不能隔离得过分，过分了就不行，要保持一种中道；其次，要有"义"，"义者宜也"，即要适宜，或者说隔离、建墙的活动必须适宜于当时的环境；第三，是仁爱，隔离、建墙的活动必须要有一种仁爱之心在里面。如果没有仁爱之心，那么隔离和建墙就可能成为一种残酷的行为，给自己和他人带来灾难。孟子所说的"是故知命者，不立乎岩墙之下"（《孟子·尽心上》），立于岩墙之下者就是不知命，而"季孙之忧，不在颛臾，而在萧墙之内也"（《孔子·季氏》）则暗示着如果无德，就好出现祸起萧墙。

中国传统的墙文明，也催生了与之相关的门文明。门文明的第一个向度是形而上学性的，比如道家老子提出"玄牝门,天地根"①,"玄之又玄,众妙之门"②,《道德经》中还提到了"天门"③;《庄子》里面也提到"以道为门"④等等。这实际上是在从形而上学的视角来谈论门的意旨。门文明的第二个向度是伦理性的,主要是在儒家的论述中,如孔子在《论语》里面就提到了"出门如见大宾,使民如承大祭。己所不欲,勿施于人",出门与门内有着不同的道德要求。不同的人走不同的门,这是"礼"的要求。不同的人走不同的门,这又带来了门的不同"走法":走前门是光明正大的、"走后门"就是旁门左道了。前文中提到门的伦理包括了修养之门、境界之门,我想在这里引用《论语》中对于墙门关系的一段隐喻:有人说子贡比孔子更加贤惠,更加有才。子贡听说之后,他就举了一个例子说:比如宫墙,我的墙只到肩膀这么高,因此每个人走过来都可以从墙外看到我的家室之好。这是因为我的墙比较低,里面的房子也很浅,你可以看到。但是夫子之墙高数仞,有几丈高,你不得其门而入,找不到门进到里面去,看不见它的宗庙之美,百官之富,看不到里面美丽的宗庙和富丽堂皇的宫殿。⑤ 不入其门则不见其中之所有。子贡最后一句说"得其门者或寡矣",也就是说很少有人能够找到这样一个进入圣人之门。这个门并不是说你想找就可以找到的,一般人找不到,因为你境界到不了,你没法看到孔子富丽堂皇的宫殿,也就是他伟大的思想和精神。因此,门在儒家里面具有非常强的伦理性。

从墙文明和门文明整体出发,可以看到墙和门在中国文化这种特有的语境里面起到什么作用。从孔子开始的"和而不同"是中华文化的基本价值,在这里面,"和"应该是主要的,"不同"应该是次要的;人类文明总是要发展的,在"和"的方面要更有发展和提高,那么"和"是一个目的,而"不同"是一种手段。"和"是门,而"不同"是墙;现实是墙,而理想是门。

时至今日,墙门伦理依然在中国人的伦理生活中起着重要的作用。一方面,墙伦理作为一种集体遗传的密码,还在我们每个人心里面起着作用,塑造或者决定着我们关于行为的反思,建立特有的思维方式;另一方面,随着时代的变迁,我们越来越多地使用"众志成城"这个词,就是要广泛地建立一种集体荣誉感、墙内之感,然后激励我们的勇气和气节。但是,就像前面说到的,不能只对分隔、分离扮演一种赞同的态度,它需要受到德性的协调;比如在这次疫情当中,各地的防疫政策一方面有"欢迎外地来客"的主张,但另一方面又断路、限制出行、各地防疫码不互通,这就是失去了中道。不能遵循科学来防疫抗疫,就是没有"义""宜"的变通。有的地方隔离的手段采取没有必要的严厉措施,限制人身自由、不去关心人的基本需求,这就是失去了仁爱之心。这些现象都得到了有效的曝光和政策的回应,这也是墙门伦理在现实生活中发挥作用的体现。

三、墙门伦理的不同维度

墙与门的伦理关系不仅在中国人的伦理生活发挥了重要的作用,也同样成为世界人民所共享的、现代社会所需要的一种重要的伦理关系。为了证明这一点,有必要从墙与门关系的不同维度去进行分析。

首先,心理学维度上的墙门伦理。卢梭说过"人生而自由,但无不处在枷锁之中"⑥。从心理学意义上来说,尽管人生来是一个独立的个体,但实际上人有很多的限制,这些限制其实就是人生活中的"墙"。因此,人生之有墙,必然通过伦理的方式进行把握(社会化过程),才能回应现代社会给每一个个人提出的问题。在成长过程中,我们每一个人自己也在不断地建造自己的墙,比如我们在社会中生活,实际上

---

① 原文为"玄牝之门,是谓天地根",参见陈鼓应著:《老子今注今译》,北京:中华书局,2020年,第75页。
② 陈鼓应著:《老子今注今译》,北京:中华书局,2020年,第49页。
③ 原文为"天门开阖,能为雌乎",参见陈鼓应著:《老子今注今译》,北京:中华书局,2020年,第87页。
④ 原文为"以道为门,兆于变化,谓之圣人",参见陈鼓应注译:《庄子今注今译》,北京:商务印书馆,2016年,第983页。
⑤ 所述原文为"叔孙武叔语大夫于朝曰:'子贡贤于仲尼。'子服景伯以告子贡。子贡曰:'譬之宫墙,赐之墙也及肩,窥见室家之好。夫子之墙数仞,不得其门而入,不见宗庙之美,百官之富。得其门者或寡矣。夫子之云,不亦宜乎!'"参见杨伯峻译注:《论语译注》,北京:中华书局,2017年,第289页。
⑥ "人是生而自由的,但却无往不在枷锁之中。"参见卢梭:《社会契约论》,何兆武译,北京:商务印书馆,2003年,第4页。

我们是处在一个不断地建墙的过程之中。有时候是自主地去建，我们通过学习，通过体验，通过知识的提高，可以建起自己的墙，这是自主的建墙。但也有被迫地建，我们不得不建墙。我们不建墙，心理就会受冲击，就会被冲垮，因此就必须建成自己的墙来保护自己。同时，由于墙的隔离、分离本性，我们既要能建墙，也要能"拆墙"。自己建的墙也只有自己去拆，别人拆是没用的；一旦你建的墙你自己不能拆，那对你的心理会有一个很大的损伤和伤害。

其次，社会学维度中的墙门伦理。一般而言，传统社会是熟人社会，尽管有墙，但人与人之间的墙并不是不能突破的。因此，人与人之间的关系用恩格斯的话来说就是一种温情脉脉的关系，也就是说，墙的隔离性并没有那么绝对，而门给我们留下了很大的空间。在熟人社会中，家门是随便进出的，"串门"是经常性的，甚至有许多孩子"吃百家饭、穿百家衣"。但现代社会是公民社会、陌生人社会，人们常常住在同一栋楼甚至一层楼里面，却不知道隔壁是谁，有什么样的活动。实际上，现代社会人与人之间的关系是一种简单的、直接的同时又是变动不居的关系，是在公民社会中（有别于熟人社会的）另外一种关系。我们讲古代传统社会里有墙，现代社会里也有墙，墙是普遍存在的。如何在墙中开门？这在不同的制度、不同的文化、不同的社会里面是不同的，因此形成了不同的墙门文化。过去如此，今天依然如此。

第三，道德意义上的墙门伦理。刚才我提到儒家文化是以墙为主，强调墙的分隔作用，这样的"隔离"具有强烈的道德含义，"越墙"要受到道德的严厉谴责。《孟子》里面有一段就是说婚姻必须要有父母之命，媒妁之言，如果"逾墙相从，则父母国人皆贱之"①。孔子也以墙质的问题来意指人的品格、品行，如大家都知道的"朽木不可雕也，粪土之墙不可圬也"②等等。粪土之墙、泥土之墙和砖石之墙的质的区别是存在的。今天我们还总讲"红杏出墙"，这也是有一定的道德含义在里面。而在西方，类似的对于区分、隔离的道德含义也是有很深厚的传统的；查尔斯·泰勒在《自我的根源：现代认同的形成》中分析说，现代自我有三个面向，分别是自我负责的独立性侧面、被意识到的特殊性侧面，还有个人承诺的个人主义侧面。③ 现代性自我的诞生，要以自我的承诺为基础，违背了这种承诺，自我就不再稳定，要受到谴责；看似现代性转向取消了道德的至高无上性，但道德之"墙"的作用依然存在，并且对人的生存具有本质性的意义，这就是中西、古今在这一点上的相通之处。

最后，国际关系学视域下的墙门伦理。中国在近代历史上很长一段时间采取的是闭关锁国的国策，闭关锁国实际上就是筑墙和关门。有时是所谓的"自发"闭关锁国。比如18世纪的乾隆曾对于英国使者要求通商的请求很是不屑，在给英国国王的回信中说天朝什么东西都有，不需要和外面交流、通商。这是一种对世界发展现状与趋势无知而产生的自愿。也有另一种闭关锁国，受外部环境逼迫不得已而为之。闭关锁国之后，国家经济就只能是在墙内循环，这是一个非常不得已的东西。在封闭之中所产生的这种内循环必然要强调自力更生。因此，20世纪80年代之后的改革开放就是打开国门，参与竞争，融入世界。这就是另外一个前景。最近40多年来，中国经济融入世界经济里面，中国文化融入世界文化里面，中国积极参与并推动全球化的过程，这是我们取得经济发展社会进步的一个非常重要的因素。因此，中央一再强调中国的改革开放是国策，对外开放的大门永远不会关闭，构建内外循环互动的流通体制等等，就是要防止重新回到封闭。无论是自发的还是被迫的，作为世界第二大经济体，中国一旦停止对外开放，发展就会停滞。因此，只有在纷繁复杂的国际关系中，把握好墙与门的关系、开放与封闭的度，充分意识到墙与门的辩证性、变通性、互动性，才能采取理智的、有目的性的开放战略，平衡国家的安全和对外开放发展的关系。

总的来说，墙门伦理绝对不是仅仅具有传统的价值，而是具有很强的现实性、当代性，这种现实性体

---

① 参见杨伯峻译注：《孟子译注》，北京：中华书局，2018年，第154页。
② 杨伯峻译注：《论语译注》，北京：中华书局，2017年，第64页。
③ 查尔斯·泰勒：《自我的根源：现代认同的形成》，韩震等译，译林出版社，2020年，第265页

现在不同学科、不同视域下,需要我们对于墙和门的性质及其关系进行伦理的把握,理解墙门不断变化的伦理属性,并由此做出新的调整和建构。

四、墙门伦理学

在当今这个时代,墙门伦理不仅实实在在地存在于我们个人、家庭、群体、社会的生活中,而且要面临许多新的问题,迎接由经济发展、社会进步、技术提升所形成的许多新挑战,如何回答这些问题、如何应对这些挑战、如何创造性转化、创兴性发展传统文化,就构成了一种具有鲜明时代性的墙门伦理学。

首先,如何看待墙在中国历史文化中的地位,能不能说传统文化是一种以墙伦理为核心的文化?我们有墙伦理,那么这种传统的墙伦理在当代还有没有意义?如果有意义,那它是什么?这个问题涉及墙伦理在当代能否得到革新、是否有继续研究的意义。令人遗憾的是,中文语境中还没有对于墙伦理的深度研究,无论是有形的墙还是无形的墙,都缺少相关的伦理学和政治哲学的分析。而在西方英文语境则对于墙的不同含义有高度关注,已经形成了许多研究成果,比如研究实体墙的"separation wall"[1],研究隔离墙对于国与国、族群与族群关系的影响;研究观念墙的"wall of separation"[2],特别是关于美国宪政中国家与教会中的区分问题;研究"墙"的政治实践伦理的"take down the wall of separation"[3],论证破除、拆掉隔离墙的实践意义和伦理价值等等。西方对于"墙"含义的丰富研究,应当得到中文学术界的关注,也可以催生中西在这一方面的理论对话。

其次,如何理解门的伦理意指?上文提到了门的双重性,既具备开放的特征也具备封闭的特征,其中涉及伦理自主性问题。那么,怎样能够从伦理自主性的角度来审视开门与关门?举一个不太恰当的例子,过去伦理关系从单向限制走向交互影响(如从"父为子纲"到"父慈子孝"),就体现出伦理自主性对于"打开心门"的影响;再比如传统社会里妇女是大门不出、二门不迈的,"门"体现出封闭性,而当代女性不仅走出家门、参与到社会活动中来,而且要求男女经济平等、政治平等、社会平等,打破传统之墙对于女性的束缚,因此我们必须革新墙门伦理对于女性的理解,引入女性主义伦理、关怀伦理等等并与儒家传统女性伦理学进行实质性的对话。上述这些例子都是试图说明,在开放、沟通和互鉴之中,我们应当考虑到门对伦理学的启发,革新对"门"的伦理认识。

第三,如何在当代社会实践中重新解释、理解和建构墙与门的伦理关系?墙与门是一种辩证关系,不再仅仅是隔离与交流这样一种单向的关系,而且具有多方位、多层次的张力和协调。如何认识和利用这种关系,是当代社会对墙门伦理的需求。再一个是墙与门伦理的当代必要性和必然性。自我封闭、自我保护、自我隔离是一个方面,但自我开放、自主交流、双赢合作又是另外一个方面。我们从哪一方面来看待墙与门的关系,这也是值得我们认真思考的。还有,我们要寻找墙与门的平衡,但是在特殊时期的特殊情况下,门与墙总有一个要占主导地位,那么应该是哪一个在什么时候什么情况下占主导地位?如果平衡打破了,我们如何去恢复?如何去解释它们之间形成的新的关系?这些都是需要我们认真思考、详加论证的问题。

因此,这里就引申出我们的第四个追问:如何、是否必要以及是否可能在关闭与开放、隔离与连接、排他与包容、独立与合作、一与多、民族主义或爱国主义与全球主义之间维持一个伦理的平衡?2019年,特朗普在联合国大会上有一个著名的演讲,他说自己是一个爱国主义者,但不是全球主义者,也就是

---

[1] 参看 David Ian Hanauer, The Discursive Construction of The Separation Wall at Abu Dis: Graffiti as Political Discourse, *Journal of Language and Politics*, 2011, 10(3), pp. 301-321.

[2] 参看 Frank Joseph Sorauf, *The Wall of Separation: The Constitutional Politics of Church and State*. Princeton: Princeton University Press, 2015.

[3] 参看 John C. Fletcher, Abortion Politics, Science, and Research Ethics: Take Down the Wall of Separation, *Journal of Contemporary Health Law and Policy*, 1992, Spring(8), pp. 95-121.

说他把爱国主义和全球主义放在了对立面。爱国主义和全球主义之间能不能有一个平衡？如果有这种平衡，我们又该如何去实现这样一种平衡？对此，我们如何从墙门伦理学中去理解、去论证，这也应该是当今墙门伦理学研究领域中的一个重要问题，需要进行深入的思考。

五、墙门伦理的品格与规范

我们对墙门伦理的现实性和时代性进行了分析，认识到当今世界"墙门一体"的特征已经非常明显。一方面，全球化的发展使得世界各国的经济无法彼此隔绝，上海的"蝴蝶"扇扇翅膀，就可能造成欧美社会的物资短缺和价格飞涨；另一方面，全世界的人们生活在历史上前所未有的类似的生活空间，无论是现代城市高度同构的生存模式、景观形态，还是互联网带来的世界网民共同讨论、共同思考、达成共识的独特生活，都使得这个时代之"墙"不仅无法脱离"门"而存在，而且其本身就构成了"门"的一部分。当然，由于全球化的发展，各个国家之间出现了分工和分化；由于生活方式的接近和互联网的影响，人们在交流中发现了一些无法弥合的分歧，从而"门"在开放的时代反过来又强化了墙的封闭性。由此，墙门伦理学要回答这个墙门一体时代的根本问题：我们仍然需要打开大门，不能关闭大门，那么在开门、开放之中我们需要什么的伦理？下列七个方面的伦理品格和规范是墙门伦理学所积极提倡的，也值得我们每一个人去践行和遵守。

首先，要具有一种开放的勇气。无论是个人还是国家，开放都是未知的、有风险的。如果我们没有意识到生命就在于开放，发展必须借助开放，那就会没有开放的勇气，表现为畏首畏尾、前怕狼后怕虎，或安于已有的生活、对于未来持保守主义态度。如此，我们就不可能很好地对外开放。

其次，我们需要有学习的态度。"三人行必有我师"，善于学习是中华传统美德，也是中国传统文化的要素。如果自骄自傲，认为我们什么都很好，什么都很优秀，那就没有主动性和积极性去开门、去学习。因此，开门必须要具有学习的态度，必须要意识到他山之石，可以攻玉。

第三，要有包容他者的胸怀。在封闭之下，人容易产生一种排他性，但如果开门，你不可能不与他者进行交往，而他者构成了一种异己的力量。因此，必须要有一种包容他者的胸怀。自我与他者的关系是衡量伦理情怀的一个非常重要的标准。这对于一个国家是如此，对于个人实际上也是如此。如果仅仅封闭在自己的房间、自己的小天地、自己的家庭里面，那么你永远不会和他人交流；如果对他人总是持一种怀疑的态度，是不会具有包容他者的胸怀的。

第四，要有一种坚忍不拔的努力。因为开门并不容易，它不但需要勇气，而且需要不断地努力，门才会开得越来越大，我们才能顺利地走出去，积极主动地与他人进行交流、交往。

第五，开门需要有德性和能力的匹配。有些人能开门，但是开门之后不知所措，不知道该怎么办，这是有很大问题的。大家可能都知道在康德那里已经有"ought implies can"，也就是"应该意味着能够"①这样一种观点。如果不具备这种德行的"能"，不知道在开门时，应该怎么开，开门之后应该怎么做，开门又有何用？

第六，现在有人在拉群建墙，有的国家热衷于建形形色色的"隔离墙"，那我们应该怎么应对？是以墙对墙，还是以门对墙？他把墙建立起来之后，我们是退回去建墙还是继续开门寻找机会？我认为越是在困难的时候，越是能看出墙门伦理的重要性，我们不仅要保持开门、坚持开门，而且要把门开得更为广泛，更加坚定不移地进行改革开放是我们今天应对建墙的唯一可选项，也是唯一得到墙门伦理学认可的努力方向。

最后一点，开墙建门既需要理想主义的视野，也需要现实主义的措施。这两方面是墙门伦理学内涵的基本素质和要求，也是保障新时代墙门伦理顺利展开的必要条件。

---

① 参见康德：《实践理性批判》，邓晓芒译，杨祖陶校，北京：人民出版社，2003年，第40页。

总的说来,上述伦理品格和规范构成了墙门伦理的主要内容,具有普遍性、规范性,不仅是一个国家、一个民族需要遵守的,而且应该在不同国家、不同民族之间共享,只有这样,才能建立起良好的人际关系、社群关系、国际关系,人类的发展和繁荣才不至于面临威胁。

六、结语

墙门伦理学具有丰富的内容,涉及的问题方方面面,还有很多东西值得探索和补足。上面已经论证传统社会是一种熟人社会,内部没有墙但对外有墙,因此我说传统的伦理是以墙为基本价值取向的。而近现代世界实际上是以门为价值取向的,按照马克思主义的观点,不仅资本没有国界,无产者也没有国界。在当前的新情况下,我们要怎么去思考传统伦理的问题?门是本来就存在,还是需要我们去打通?如上所述,"开门""开放"实际上是需要具备很多要素的,是需要付出很多主观努力的。无论我们是去开门,还是准备去开门,我们都要先有能力去开门才行。再者,我们怎么样才能找到合适的、有效的交通之门、交流之门、交往之门?也许并非每一个门都需要我们去重建、去构造,而实际上是要去寻找。寻找出门,我们才可以沟通、交流、共享。这是第一个方面。

其次,传统社会对于当代伦理规范是否还能构成影响?如果去建构墙门一体的伦理学,它是否只能从西方的、现代的理论资源当中寻找依据?当我们与传统长时间断裂之后,还能不能为当今世界,至少是中国的墙门一体的伦理愿景贡献智慧?中国历史上"大道之行,天下为公"的理想,能否被容纳和成为墙门一体的伦理愿景本身?我们知道,赵汀阳对于"天下"这个概念,在新的当代环境里面作了重新解释,以此来运用到今天世界的范围,还做了很多的理论思考。这样一种尝试是值得赞赏的,将传统理想容纳进现代化愿景,也是每个中国知识分子的应有追求,这是一种家国天下的情怀。

最后,中国传统与全球伦理是趋同还是趋异?这里又分了几个不同的问题。第一,有没有一种全球伦理?伦理道德是由民族、文化、历史等因素所形成的,因此它具有一种特殊性。那么,不同的民族、不同的国家在全球化的过程之中能不能形成一种共同的伦理观念、共同的伦理追求?第二,假设全球伦理是存在的,因为人类是一个类,不管是白人、黑人还是黄种人,都是一类。既然是一类,那么就有共性。那么,如何来扩大共性而降低特殊性是我们需要思考的。习总书记提出了人类命运共同体,我觉得命运共同体实际上也暗含着一种伦理的共同体。当我们思考墙的时候,必须要想到门,墙和门之间并不是对立、矛盾的关系,而是一体的关系。那么如果是一体关系的话,可能就会产生不同的墙门伦理走向一起并形成一种共同的墙门伦理的情况。这就带来了第三个问题:这种墙门伦理在未来发展过程之中是能不能达到以门为主体而以墙为从属的程度?回答好这些问题,或许对于中华民族的伟大复兴、中华文明屹立于世界民族之林能够起到不可替代的作用。

这就是我研究墙和门的伦理世界所得到的一点体会。就我个人来讲,我还是有一种乐观主义的情怀的,希望中国之墙与世界其他国家之墙能够逐渐地、不断地降低,不断地"去墙",而不是去重新建墙;中国的大门是永远打开的,不但打开,而且要扩大。为了这个目标,我们要有勇气、有智谋、有能力、有观念和理念走出大门,拥抱世界,拥抱人类,为人类的发展做出我们的贡献。作为伦理学工作者,如何能够在这种新的境遇、新的时代,以中国人的智慧与勇气,为世界趋向大同和实现天下所有人共同发展的愿景做出特殊的贡献,这是我们今天在研究墙门伦理学时所应该秉承的理想和目标。

参考文献

[1] 陈鼓应.老子今注今译[M].北京:中华书局,2020.
[2] 陈鼓应.庄子今注今译[M].北京:商务印书馆,2016.
[3] 杨伯峻.论语译注[M].北京:中华书局,2017.
[4] 卢梭.社会契约论[M].何兆武,译.北京:商务印书馆,2003.

[5] 杨伯峻.孟子译注[M].北京:中华书局,2018.
[6] 查尔斯·泰勒.自我的根源:现代认同的形成[M].韩震,等译.南京:译林出版社,2020.
[7] David Ian Hanauer. The Discursive Construction of The Separation Wall at Abu Dis: Graffiti as Political Discourse[J]. Journal of Language and Politics,2011,10(3):301-321.
[8] Frank Joseph Sorauf. The Wall of Separation: The Constitutional Politics of Church and State[M]. Princeton: Princeton University Press,2015.
[9] John C. Fletcher, Abortion Politics, Science, and Research Ethics: Take Down the Wall of Separation[J]. Journal of Contemporary Health Law and Policy,1992,Spring(8):95-121.
[10] 康德.实践理性批判[M].邓晓芒,译.杨祖陶,校.北京:人民出版社,2003.

中国道德发展

中国社会大众伦理道德共识生成的文化轨迹与文化规律

樊 浩[*]

（东南大学 人文学院，江苏 南京 210096）

摘 要：改革开放40年，中国社会大众伦理道德发展的轨迹与规律是什么？以十七大、十八大、十九大为三大里程碑，以改革开放30年至40年为重大历史节点，江苏省首批高端智库"道德发展智库"在江苏省委宣传部的支持下，分别于2007年、2013年、2017年进行了三轮全国大调查，以2016年至2019年持续四年的江苏大调查为基础，建立了一千多万字的《中国伦理道德发展数据库》，形成三百多万字的《中国伦理道德发展报告》。调查显示，自十七大至十九大，中国社会大众的伦理道德发展呈现"二元聚集——核心价值观引领——共识生成"的十年轨迹。2007年的调查发现，中国社会大众的伦理道德发展已经从改革开放前期的"多元多样多变"进入"二元聚集"的"三十而立"，其特点既不是简单的"多"与"变"，也未生成"一"与"不变"，而是两种相反的认知判断势均力敌，形成所谓的"二元体质"。"二元聚集"既是一种高度的共识，也是一种截然的对峙，标志着伦理道德发展和意识形态战略进入重大敏感期和机遇期。值此之际，十七大提出建设社会主义核心价值观引领的历史任务，十八大提出社会主义核心价值观的理念体系和战略部署。2013年的调查表明，中国社会大众的伦理道德发展有三大文化期待：期待一次"伦理觉悟"，期待一场"精神"洗礼，期待一个"还家"即回归中国传统的努力。2017年，十九大召开，改革开放40年调查发现，中国社会大众的伦理道德发展已经形成三大文化共识：伦理道德的文化自觉与文化自信，认同与回归的文化共识；"新五伦"与"新五常"，伦理道德现代转型的文化共识；伦理精神共识，伦理道德发展的文化共识。"认同回归共识——转型共识——发展共识"，这三大共识标志着中国社会大众的伦理道德发展伴随改革开放的历史进程，已经从"三十而立"进入"四十而不惑"的"不惑"之境。从改革开放30年到40年，三大里程碑、三大进程、三大共识、三次大调查呈现了中国社会大众的伦理道德从"二元聚集"到"文化共识"的发展轨迹和发展规律，也显示出诸社会群体在共识生成中的文化差异。中国文化在历史上是一种伦理型文化，调查表明，现代中国文化依然是一种伦理型文化。中国伦理型文化的独特气派是"有伦理，不宗教"，伦理道德发展是应对西方宗教入侵的能动文化战略。中国社会大众的伦理道德发展遵循"伦理-道德一体、伦理优先"的伦理型文化规律，必须以伦理精神发展抵御西方理性主义的文化殖民，在回归伦理的"精神"家园中培育伦理型文化的现代中国气派。

关键词：伦理道德发展；中国社会大众；文化共识；文化规律

---

[*] 作者简介：樊和平(1959—)，笔名樊浩，东南大学人文社会科学学部主任、资深教授，教育部长江学者特聘教授，江苏省道德发展高端智库、江苏省公民道德与社会风尚协同创新中心负责人兼首席专家，研究方向：道德哲学。
基金项目：江苏省"道德发展高端智库"和"公民道德与社会风尚协同创新中心"承担的国家社科基金后期资助项目"黑格尔道德现象学讲席录"项目阶段性成果。

一、以发展看待道德，以伦理看待发展

2015年，江苏省首批高端智库"道德发展智库"在东南大学成立，这是国内首个聚力伦理道德发展的高端智库。2014年，东南大学已经建立"公民道德与社会风尚"江苏省协同创新基地。东南大学伦理学科是全国第三个伦理学博士点，是伦理学界第一批也是目前唯一拥有两位长江学者的伦理学团队。"道德发展智库"以东南大学为牵头单位，直接对接江苏省文明办，协同北京大学世界伦理中心，教育部三大重点研究基地——吉林大学哲学基础理论研究中心、华东师范大学中国现代思想文化研究中心、中山大学马克思主义哲学与中国现代化研究中心进行理论创新和战略研究；协同北京大学中国国情研究中心（2013）、中国人民大学中国调查与数据中心（2017、2018、2019）两大国情调查基地进行调查研究；协同东南大学"儿童发展与学习科学"教育部重点实验室进行伦理实验研究。同时，与美国耶鲁大学全球正义研究中心等国际一流研究机构协同，建立"社会公正与人类道德发展研究中心"等研究机构，不断探索并且逐步建立了一个国内外一流基地多学科协同、人文科学—社会科学—自然科学深度交叉、理论研究—实证研究—实验研究贯通、国内国际对话互动的智库研究团队和协同创新基地。

"道德发展智库"以"发展"为核心理念，以"为学术立命，为决策立据，为历史留集体记忆，为世界开浩然正气"为宗旨，以"拿得出，用得上，留得住，经得起时间检验"为目标。一方面，以"发展"看待伦理道德，建立中国伦理道德发展数据库和信息库，探索改革开放时代中国伦理道德发展的规律和战略；另一方面，以伦理道德看待"发展"，进行经济社会发展的伦理评估。以"道德发展"作为智库特色的要义，就要遵循马克思在《〈黑格尔法哲学批判〉导言》中的那个著名论断："光是思想竭力体现为现实是不够的，现实本身应当力求趋向思想。"在与经济社会的辩证互动中履行伦理道德的文化天命，守望伦理道德的精神家园。

"道德发展智库"最重要的推进之一，就是进行伦理道德国情大调查，建立中国伦理道德发展数据库与信息库。2007年，东南大学伦理学团队借助其所承担的2005年全国哲学社会科学科学招标项目"建设社会主义和谐社会进程中的思想道德与和谐伦理的理论与实践研究"进行了首次全国伦理道德状况大调查，形成200多万字的《中国伦理道德报告》《中国大众意识形态报告》。成果发布后，受到时任中央政治局常委李长春同志的重要批示。在江苏省委宣传部的推动和支持下，2013年与中国人民大学中国调查与数据中心合作进行了第二轮全国伦理道德状况大调查；2017年与北京大学中国国情研究中心合作，进行了第三轮全国伦理道德状况大调查，并在江苏进行了持续四年的伦理道德发展省情调查。在此基础上，形成了一千多万字的《中国伦理道德发展数据库》《江苏伦理道德发展数据库》，完整呈现了近十多年来中国伦理道德发展的轨迹与规律，包括整体状况、发展轨迹、时序差异、地域差异、群体差异、年龄差异等等，由此"以发展看待伦理道德"。同时，分别于2016年、2017年、2018年、2019年与省文明办协同，进行了持续四年的江苏伦理道德发展状况的调查评估，由此"以伦理道德看待发展"。正在建立和完善改革开放以来"中国重大伦理事件信息库""中国社会伦理表情图库""中国伦理道德口述史"等大型信息库，试图完整保存大变革时代中国伦理道德发展的集体记忆。在数据库和信息库的基础上，通过"道德发展"高层论坛，如"伦理共识与人类道德发展"国际论坛（2018）、"伦理道德发展的文化战略"国际论坛（2019）、"长江学者智库论坛"（2019）等，在国际对话中进行理论创新和战略研究（图1）。

图 1　道德发展智库成果及会议

二、"二元聚集—核心价值引领—共识生成"的十年轨迹

三轮全国伦理道德国情大调查时机,是中国改革开放进程中的三个重要时间节点,即中共十七大、十八大和十九大的召开时间。2007 年的第一次大调查在十七大召开之年,也是在中国改革开放 30 年进行的;第二次大调查选择在十八大召开之后的第二年即 2013 年进行;第三次大调查在十九大召开、中国改革开放 40 年的 2017 年进行。三次大调查,可以呈现由十七大到十九大,尤其是十八大之后,中国伦理道德发展的十年轨迹和规律,呈现中国社会大众的伦理道德发展,尤其是伦理道德的文化共识在改革开放进程中由"三十而立"到"四十而不惑"的 10 年精神史。如果用一句话描绘这个由三大时间节点构成的 10 年轨迹及其精神史图像,那就是"二元聚集—核心价值引领—共识生成"。

2007 年,改革开放 30 年。经过 30 年对内改革和对外开放的激荡,中国思想文化领域的特点即"三多"——多元、多样、多变。"三十而立",中国社会大众伦理道德发展的态势到底如何?在"多"与"一"、"变"与"不变"的思想文化行程中到底达到何种状态或阶段?调查发现,既不是简单的"多","一"与"不变"也未生成,而是处于"多"与"一"、"变"与"不变"转换的关节点,其最深刻、最重要的态势是:多元正在向二元聚集。所谓"二元聚集",就是在许多具有意识形态意义的重大伦理道德问题上,多样性的大众意识日益向两极聚集和积聚,它们已经达到这样的程度,以至两种相反的认知或判断势均力敌、截然对峙,伦理道德和大众意识形态的"二元体征"或"二元体质"正在生成。以下数据具有典型意义(图 2)。

义—利对峙(49.2% VS 43.8%):"当今中国社会实际奉行的义利价值观是什么?"49.2%认为"义利合一,以理导欲",43.8%选择"见利忘义"或"个人主义";德—福对峙(49.9% VS 49.4%):"当前中国社会道德与幸福的关系如何?"49.9%认为一致或基本一致,49.4%选择德和福不能一致或没有关系。

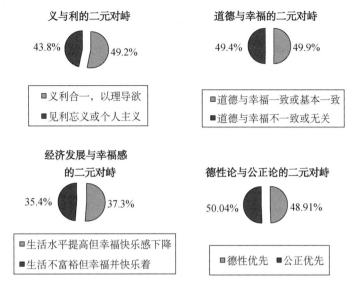

图 2　伦理道德的二元聚集与二元体质（2007）

发展指数—幸福指数对峙（37.3％ VS 35.4％）："目前中国社会经济发展与幸福感之间的关系如何？"认为"生活水平提高但幸福感快乐感下降"占37.3％，认为"生活不富裕但幸福并快乐着"占35.4％。

公正论—德性论对峙（50.04％ VS 48.91％）："公正与德性到底何者更为优先？"50.04％选择公正优先，48.91％选择德性优先。

二元对峙既是一种截然对峙，也是一种高度的共识。确切地说，是基于高度共识的截然对峙。它标志着多元正在甚至已经向二元聚集，共识已经开始生成，但处于多元向二元的过渡之中，呈现为一种二元体征。二元体征也是一种二元体质，即所谓"50％状态"，它是伦理道德发展尤其是价值共识生成的一种临界状态。经过近两年的研究，我们以学术研究的方式报告：中国伦理道德发展已经进入一个重大转折和转换的关键期，中国大众意识形态已经走到一个十字路口①。

十字路口是大众意识形态和伦理道德发展的敏感期与质量互变点，更是国家意识形态战略的最佳干预期，无视甚至错过这个最佳干预期，我们将犯战略性甚至历史性错误。理由很简单，"'多'而'二'——'二'而'一'"，是大众意识"形态化"即价值共识生成的基本轨迹，由多元向二元聚集，或"多"而"二"之后，是"二"而"一"的价值共识的生成！面对二元对峙的情势，影响甚至决定大众意识形态未来命运的课题，以最紧迫、最严峻的方式摆到人们面前：到何种"一"，谁之"一"？

值此之际，2006年党的十六届六中全会提出建立"社会主义核心价值体系"。2007年12月，中共中央办公厅印发《关于培育和践行社会主义核心价值观的意见》。2012年党的十八大从个人、社会、国家三个层面系统提出核心价值观的理论体系，核心价值观建设的国家意识形态战略进入新阶段。2013年即十八大系统提出核心价值观理论的第二年，我们展开第二轮全国伦理道德状况大调查，并在江苏进行了更为深入、系统的全面调查。调查发现，五年以来中国社会大众的伦理道德发展出现了两种趋向：一方面由多元向二元聚集仍在继续，另一方面已有的二元聚集已经开始向一元凝聚，当然在某些方面也出现由二元向多元的分化，于是社会大众价值共识的生成需求便更加迫切。在这个意义上，十八大所提出的建立社会主义核心价值观的理论体系，不仅契合了中国大众意识形态发展的历史要求，也洞察并抓住了大众意识形态发展的这一敏感而重大的历史时机和历史节点，是关键时机引领价值共识的重大战略举措。

马克思曾说过，任务的提出预示着完成任务的条件正在具备或已经具备，但任务的提出只是任务完

---

① 参见樊浩《当前中国伦理道德状况及其精神哲学分析》，《中国社会科学》2009年第4期。

成的第一步。在这一时代背景下,学术研究和智库研究必须做也是能够做的,是为这一任务的完成进行理论准备。其中最重要的课题之一就是:在由"多元"而"二元"的自发进程之后,"二"而"一"的伦理道德发展的文化共识的生成,到底需要哪些理论和战略准备?基于2007年和2013年两次全国性大调查的信息,我们研究发现:在由多元走向二元聚集的背景下,中国社会大众伦理道德发展的文化共识的生成,逻辑地和历史地呈现三大意识形态期待——期待一次"伦理"觉悟,期待一场"精神"洗礼,期待一种"还家"的努力。①

核心价值观与文化共识是两个不同维度的命题。核心价值观是总体性纲领,文化共识在相当意义上是向核心价值凝聚的文化条件。以上三大期待中,"'伦理'觉悟"的要义是保卫伦理存在,其核心课题是治理腐败和推进分配公正。因为两次调查都发现,它们分别是排列第一位和第二位的中国社会大众最担忧的两大问题。权力的公共性和财富的普遍性是社会生活中伦理存在的两种现实形态,在这个意义上,治理腐败和推进社会公正在本质上是一场伦理保卫战。"'精神'洗礼"的要义是扬弃西方理性主义的文化殖民,回归中国的"精神"传统,推进家庭、社会和国家三大伦理实体和伦理精神的建构。"'还家'努力"的要义是"还"中华民族优秀伦理道德传统之"家","还"中国伦理型文化传统之"家"。"三大期待"是关于伦理道德发展的价值共识生成的三大文化条件,也是在伦理道德领域进行核心价值观引领必须解决的三大理论和现实问题。

十八大之后,经过五年核心价值观的引领,中国社会大众的伦理道德发展到底达成哪些文化共识?2017年,我们与北京大学中国国情研究中心合作,进行了第三轮全国大调查。与前两轮调查相比,这是一次更系统、更全面、信息量更大的调查,在全国各省区市投放问卷八千多份,江苏的专项调查投放问卷有四千多份。调查发现,中国社会大众已经生成关于伦理道德的三大文化共识:伦理道德的文化自觉与文化自信——"中国传统"认同与回归的共识,"新五伦"与"新五常"——伦理道德现代转型的文化共识,伦理实体或伦理精神共识——伦理道德发展的文化共识。三大共识,呈现当今中国社会大众关于伦理道德的"认同——转型——发展"的文化共识的时代精神图像。②

穿越十年的三次全国性伦理道德发展大调查,从中国改革开放30年到40年;以党的十七大、十八大、十九大为三大里程碑;经历从核心价值观建设历史任务的提出到核心价值观理论体系的建构及其战略部署,到核心价值观引领的建设实践的三大历史阶段;中国社会大众的伦理道德发展,展现为从多元、多样、多变到二元聚集的"三十而立",经过核心价值观引领,到文化共识生成的"四十而不惑"的辩证运动和现实发展的精神成长史的生命历程,它在相当意义上不仅是伦理精神的发展史,也是时代精神、民族精神的发展史。三大文化共识的形成,标志着经过改革开放40年的激荡,中国社会大众的伦理道德发展进入"不惑"之境,由此迈向"知天命"即在新时代履行其文化天职、文明天职的新征程。历经改革开放30年到40年——十七大、十八大、十九大三大里程碑——三大文化共识,三次大调查呈现的是改革开放时代中国社会大众的伦理道德从"三十而立"到"四十而不惑"的发展轨迹和发展规律。

三、伦理道德发展的文化认同与文化回归的轨迹

调查发现,40年改革开放的激荡使中国社会大众形成最基本的文化共识,就是对于伦理道德发展的文化自觉和文化自信。文化自觉表现为对于中国优秀伦理道德传统认同与回归的自觉;文化自信表现为对伦理道德发展的文化信心。

1. 文化传统的认同与回归

近十年来中国社会大众的集体意识最深刻的变化之一,就是对伦理道德传统的认知和态度由改革

---

① 参见樊浩《中国社会价值共识的意识形态期待》,《中国社会科学》2014年第7期。
② 参见樊浩《中国社会大众伦理道德发展的文化共识》,《中国社会科学》2019年第8期。

开放初期的激烈批判悄悄走向认同回归。关于当今中国伦理道德的主流因子的判断和对于不良伦理道德现象的文化归因,从正反两个方面构成相互支持的信息链。这些信息既是客观判断,也是主观认同,在客观性中充满主观性。

"你认为当前中国社会道德生活的主流是什么?"三次全国调查的轨迹十分清晰(表1)。

表1 中国社会道德生活的主流

	意识形态中所提倡的社会主义道德	中国传统道德	西方文化影响而形成的道德	市场经济中形成的道德
2007年全国调查	25.2%	20.8%	11.7%	40.3%
2013年全国调查	18.1%	65.1%	4.1%	11.1%
2017年全国调查	23.7%	50.4%	8.3%	17.5%

可供选择的四大结构要素中,认知与判断呈两极变化:一极是"中国传统道德",10年中提升了1.5倍左右,表明传统回归的强烈趋向;另一极是市场经济中形成的道德,10年中认同度下降了56%以上。

另一信息可以为此提供反证。"您认为对现代中国社会伦理关系和道德风尚造成最大负面影响的因素是什么?"

10年的变化轨迹,同样呈反向运动,"传统文化的崩坏"的归因不断上升,而市场经济负面影响的归因不断下降,二者变化的幅度都是几何级数,超过三倍(表2)。

表2 伦理关系与道德风尚的最大负面影响因素

	传统文化的崩坏	市场经济导致的个人主义	外来文化的冲击
2007年全国调查	12.0%	55.4%	28.2%
2013年全国调查	35.6%	30.3%	23%
2017年全国调查	41.2%	11.3%	26.6%

以上两个方面相反相成,形成一个相互补偿、相互支持的信息链。这表明,对传统伦理道德的认同和回归呼唤,已经成为当今中国社会大众的最为强烈和深刻的文化共识。

2. 对于伦理道德发展的文化信心

调查发现,当今中国社会大众对伦理道德现状满意度较高并且持续上升,两次调查满意度都在75%左右,不满意度都在25%左右,但"非常满意"度都有显著提高(表3、表4)。

表3 对当前我国社会道德状况的总体满意程度

	非常满意	比较满意	一般	比较不满意	非常不满意
2013年全国调查	2.1%	33.7%	41.5%	19.0%	3.8%
2017年全国调查	6.9%	66.7%		23.7%	2.6%

表4 对当前我国社会人与人之间关系状况的总体满意程度

	非常满意	比较满意	一般	比较不满意	非常不满意
2013年全国调查	2.3%	35.1%	45.0%	15.5%	2.1%
2017年全国调查	6.0%	67.1%		24.3%	2.6%

道德与幸福的关系即所谓善恶因果律,既是社会合理与公正的显示器,也是伦理道德的信念基础。道德国情调查对这一问题进行了持续跟踪。

10年之中,道德与幸福关系的一致度提高了近20个百分点,不一致程度下降了近10个百分点,认为二者没有关系的选择频数是原来的一半(表5)。结论是:中国社会在善恶因果律的道德规律实现程度,以及社会大众的善恶因果的道德信念方面,都得到很大提升。

表5 道德与幸福关系状况

	能够一致	不一致	没有关系
2007年全国调查	49.9%	32.8%	16.6%
2017年全国调查	67.9%	23.8%	8.3%

正因为如此,社会大众对未来伦理道德发展的信心指数很高。在2017年关于"你觉得今后中国社会的道德状况会变成怎样"的调查中,71.2%的被调查者认为"将越来越好",10.7%认为"不变",只有5.6%觉得会"越来越差",信心指数或乐观指数超过70%。

对伦理道德传统的认同与回归——对伦理道德现状的满意态度——对伦理道德发展的信心,三者从历史、现实和未来三个维度演绎和确证一种文化意向:伦理道德发展的文化自觉与文化自信。这已经成为当今中国社会大众伦理道德发展的最大也是最重要的文化共识。

3. 群体差异

不过,在伦理道德满意度方面存在明显的群体差异,其特点有三。第一,与受教育程度和收入水平呈负相关。受教育程度越高,不满意度越高;收入越高,不满意度越高,其中与受教育程度的差异最为明显。对道德状况和人际关系状况的不满意度,大学以上人群最高,"不太满意"和"非常不满意"分别以34.3%和32.4%居于第一位,中专、高中和职高人群的不满意度最低,分别为24.6%和24.7%,差异在8~10个百分点。在收入水平方面,月收入4000及以上人群的道德状况和人际关系不满意度最高,分别达到28.2%和27.9%,无收入人群最低,分别是23.9%和23.7%,差异率在5个百分点左右。

第二,与职业群体关系比较复杂。企业家和专业人员对道德状况的不满意度最高,分别为33.4%和31.5%;企业员工和下岗无业人员对人际关系的不满意度最高,分别为30.3%和28.6%。但是,官员群体对社会道德状况和人际关系状况的不满意度在所有群体中都是最低的,分别为19.7%和20.6%,反过来说,满意度最高。

第三,与幸福感关系复杂。月收入4000元及以上人群、专业人员、大专以上学历人员幸福感最强,月收入1~2000元、无业下岗人员和初中以下学历人员幸福感最低,最高和最低的幸福感差异在10个百点左右。

以上群体差异中,与受教育程度和收入水平的负相关特别值得注意,一方面说明这些人群对伦理道德有更高的要求,另一方面他们对伦理道德也有更大的文化敏感性,他们的感受对社会的影响可能也更大。同时,官员群体对伦理道德状况的最高满意率及其与其他群体的差异也值得注意。这些差异不应只看作是一般意义上思维方式和判断标准方面的差异,在深层次上也体现了社会群体与社会阶层之间的差异,当然也包括对信息掌握的深度和广度以及认识方法上的差异。

四、伦理道德转型的文化共识

2007年至2017年,三次全国调查、四次江苏调查都对当今中国社会最重要的伦理关系和道德规范进行了跟踪,根据传统伦理道德体系"五伦"和"五常"的结构,试图揭示"新五伦"和"新五常"。调查发现,改革开放40年,中国社会大众关于伦理道德发展的最稳定的文化共识之一,就是"新五伦"和"新五常"。在多次调查的结果中,虽然很多信息因时间和对象的不同而有较大变化,然而社会大众所认同的五种最重要的伦理关系和道德规范,即所谓"新五伦"和"新五常"却相对稳定。

1. "新五伦"及其群体差异

传统伦理以君臣、父子、夫妇、兄弟、朋友为五种最重要的伦理关系,形成所谓"五伦"范型,其中父子、兄弟是天伦,君臣、朋友是人伦,夫妇则介于天伦与人伦之间。"五伦"的文化规律是:人伦本于天伦而立,社会伦理关系以家庭伦理关系为基础和范型。"五伦"体现家国一体、由家及国文明路径下"国—家"的伦理规律。

现代中国社会最重要的伦理关系是哪些,或者说,"新五伦"是什么?中国伦理的文化规律有没有发生根本变化?经多次调查得出的信息惊人的相似,排列前三位的都是家庭血缘关系,并且排序完全相同:父母子女、夫妻、兄弟姐妹。第四位、第五位在共识之中存在差异(表6)。

"新五伦"中最需要解释并认真对待的是个人与国家的关系。2007年的调查将"个人与国家关系"表述为"个人与政府",这一选项的频率较低,后两次调查明确表述为"个人与国家",在2013年调查中列第五位,在2017年调查中列第六位,在2013年的江苏调查中居第四位,在2016年的江苏调查中居第六位。"新五伦"价值共识中虽然存在某些不确定因素,但家庭血缘关系在现代中国的伦理关系中依然处于绝对优先地位,后两伦或后三伦虽然在排序方面有所差异,但要素则基本相同,其情形也应了学术界讨论的所谓"新六伦"的设想。

表6 "新五伦"

	第一伦	第二伦	第三伦	第四伦	第五伦
2007年全国调查	父母子女	夫妻	兄弟姐妹	同事同学	朋友
2013年全国调查	父母子女	夫妻	兄弟姐妹	个人与社会	个人与国家(第六伦:朋友)
2017年全国调查	父母子女	夫妻	兄弟姐妹	朋友	个人与社会(第六伦:个人与国家)
2013年江苏调查	父母子女	夫妻	兄弟姐妹	个人与国家	朋友(第六伦:个人与社会)
2016年江苏调查	父母子女	夫妻	兄弟姐妹	朋友	个人与社会(第六伦:个人与国家)

"新五伦"的基本文化构造是个人与家庭、社会、国家诸伦理实体,以及个人与自身、人与自然的关系。在关于对个人生活最具根本意义的关系方面,诸社会群体文化共识的特点在于:职业群体、收入群体、教育群体对诸关系重要性的排序高度统一,分别是家庭血缘关系、个人与社会的关系、职业关系、个人与自身的关系、个人与国家民族的关系、人与自然的关系。其中家庭关系的重要性是居于第二位的个人与社会关系的2.5至3倍,个人与社会的关系是居第三位的职业关系的1.5倍左右。差异在于:企业家、无收入人群、低教育程度人群对家庭的重视程度最高(依次降低),官员群体相对最低;官员、低收入人群、大专以上教育程度人群对个人与社会的关系认同度最高(依次降低);大学及以上人群、企业员工、无收入人群,对个人与自身的关系认同度最高(依次降低);官员、大学及以上人群、低收入人群对个人与国家民族的关系认同度最高(依次降低);企业家、初中及以下人群、低收入人群对个人与国家民族关系认同度最低(依次升高),其中企业家的认同度只有2.9%。

这些差异中,最值得注意的信息有两个。一是官员群体与其他群体之间的差异最多也最大,六大伦理关系中,除职业关系外,官员群体都与其他某一群体处于最大与最小这两极中的一极,说明官员群体有待与其他群体之间展开伦理对话;二是企业家群体对个人与国家民族关系的认同度最低,这与市场化进程中所谓"大市场,小国家"的误导有关,也因存在内在深刻的社会文化风险。群体内部的差异度超过两倍的主要集中于人与自身、人与国家民族、人与自然三大关系之中,其中本科及以上人群对个人与自身关系的认同度为11.1%,而初中及以下人群只有5.1%;对个人与国家民族的关系,官员群体为6.0%,企业家群体为2.9%;对人与自然的关系,无收入人群认同度为2.6%,收入4000元及以上人群为1.2%(表7)。

表7 诸群体内部、诸群体之间对最重要伦理关系认同度的两极差异(2017)

最重要关系排序	受教育程度差异	收入水平差异	职业差异	最大群体差异
家庭血缘关系 53.9%	初中及以下 56.2% VS 本科及以上 52.2%	无收入 58.5% VS 1~2000元 51.5%	企业家 61.8% VS 官员 50.9%	企业家 61.8% VS 官员 50.9%
个人与社会的关系 19.7%	大专 21.8% VS 初中及以下 19.5%	2000元及以下 21.6% VS 无收入 17.4%	官员 26.3% VS 企业家 17.6%	官员 26.3% VS 无收入 17.4%
职业关系 12.5%	高中职高 13.3% VS 本科及以上 9.2%	2000~4000元之间 14.3% VS 无收入 9.1%	工人 14.5% VS 无业下岗人员 9.2%	工人 14.5% VS 无收入 9.1%
个人与自身的关系 6.4%	本科及以上 11.1% VS 初中及以下 5.1%	无收入 7.8% VS 2000元及以下 5.4%	企业员工 8.7% VS 官员 4.8%	本科及以上 11.1% VS 官员 4.8%
个人与国家民族关系 4.9%	本科及以上 5.5% VS 初中及以下 4.6%	2000元及以下 5.2% VS 无收入 4.7%	官员 6.0% VS 企业家 2.9%	官员 6.0% VS 企业家 2.9%
人与自然的关系 1.9%	高中职高 2.1% VS 本科及以上 1.2%	无收入 2.6% VS 4000元及以上 1.2%	农民 2.5% VS 官员、企业家 0.0%	无收入 2.6% VS 官员、企业家 0.0%

2."新五常"及其群体差异

"五常"是传统社会的基德或母德,也是传统社会认同度最高的五种德性。自轴心时代开始,中国传统道德所倡导的德目虽然很多,但自孟子提出"四德"、董仲舒建立"五常"之后,仁义礼智信,不仅成为传统道德的核心价值,也是最重要的道德共识,即便在传统向近代转型中,"五常"之德也在相当程度上被承认。启蒙思想家所集中批判的往往是它们被异化后形成的虚伪或伪善,而不是"五常"本身。40年改革开放,社会生活和文化观念发生了根本变化,社会大众最认同的五种德性或"新五常"是什么?调查同样进行了持续跟踪。

五次调查信息,虽然排序上有所差异,但都传递了一个强烈信息:现代中国社会大众最为认同的德性或德目,即所谓"新五常"的文化共识正在生成或已经形成。综合以上信息,"爱"(包括仁爱、友爱、博爱)是第一德性;"诚信"是第二德性,"责任"是第三德性,"公正"或"正义"是第四德性,"宽容""孝敬"可以并列为第五德性。考虑到问卷设计的差异,以及这三种德目之间的重叠交叉,第五德性可能为"宽容"更为合宜。由此,"新五常"便可以表述为:爱、诚信、责任、公正、宽容(表8)。

表8 "新五常"

	第一德性	第二德性	第三德性	第四德性	第五德性
2007年全国调查	爱	诚信	责任	正义(公正)	宽容
2013年全国调查	爱	诚信	公正(正义)	孝敬	责任(宽容、善良随后)
2017年全国调查	爱	诚信	责任	公正	孝敬
2013年江苏调查	爱	责任	诚信	正义(公正)	宽容
2016年江苏调查	爱	责任	公正(正义)	诚信	宽容

"新五常"与"新五伦"的认同具有基本相似的特点,诸群体对最重要的德性认同的排序基本相同,共识度很高,但诸群体之间的差异明显。以排序第一的最重要德性的选择为例,调查中被选择的第一德性依次是:爱、孝敬、公正、诚信、责任、善良、宽容,其他还有义、忠恕、节制、谦让等。其中"爱"作为第一被选择比率最高,诸群体都超过20%;孝敬、公正、诚信在10%~20%之间,责任、善良、宽容在5%~10%之间(表9)。

表9 排列第一位的最重要德性的诸群体选择率和认同度(2017)

最重要德性第一选择率排序	受教育程度群体两极差异	收入水平群体两极差异	职业群体两极差异	群体之间最大差异
爱(仁爱、博爱、友爱)28.7%	大专及以上33.7% VS 初中及以下27.7%	4000元及以上32.2% VS 1~2000元27.5%	企业员工36.0% VS 企业家23.5%	企业员工36.0% VS 大专及以上22.7%
孝敬16.1%	高中及以下16.8% VS 本科及以上11.5%	无收入20.6% VS 4000元及以上12.8%	无业下岗人员19.1% VS 企业员工7.7%	无收入人员20.6% VS 企业员工7.7%
公正12.5%	本科及以上12.8% VS 大专11.4%	2000元及以上12.8% VS 无收入11.4%	官员14.4% VS 无业下岗人员9.5%	官员14.4% VS 无业下岗人员9.5%
诚信10.8%	本科及以上12.0% VS 高中职高9.6%	1~4000元11.2% VS 无收入、4000元及以上10.6%	企业家20.6% VS 企业员工9.4%	企业家20.6% VS 企业员工9.4%
责任8.7%	大专及以上9.6% VS 初中及以下7.8%	4000元及以上9.6% VS 1~2000元7.9%	企业家11.8% VS 官员6.0%	企业家11.8% VS 官员6.0%
善良5.7%	初中及以下6.4% VS 本科及以上4.2%	初中及以下6.8% VS 大学及以上5.1%	农民6.8% VS 官员4.2%	农民6.8% VS 官员4.2%
宽容4.3%	高中职高4.5% VS 大专3.4%	4000元及以上5.1% VS 1~2000元3.5%	企业员工5.4% VS 官员3.0%	企业员工5.4% VS 官员3.0%

数据分析显示,群体内部和群体之间对第一德性认同度的最大差异发生在"孝敬、诚信、责任"等中,差异度在两倍左右。经济社会地位越低,对孝敬等德性的认同度越高,无收入人群对孝敬的第一选择率达20.6%,收入4000元以上人群对它的选择率最低,为12.8%;无业下岗人员对孝敬的第一认同度为19.1%,而企业员工只有7.7%,差异度近2.5倍。原因很简单,以孝敬为核心的家庭道德是个体的自然伦理安全系统,具有世俗形态的终极关怀意义。企业家对诚信的第一认同度为20.6%,而企业员工为9.4%,差异度为两倍以上。

最多和最大差异依然存在于官员与其他群体之间。选择率最前的七个德目中,有四个德目官员群体处于其他群体的两极,对公正的第一选择率位于所有群体之首,但对责任、善良、宽容的第一认同度处于所有群体之末。这表明,官员群体与其他群体在伦理上的差异度与道德上的差异度基本相同,官员群体与其他诸社会群体的文化共识,是建立当今中国社会大众伦理道德共识的关键和难题。

3."同行异情"的转型轨迹

以上信息表明,"新五伦"中,至少60%而且是作为"关键大多数"的60%即三大血缘关系属于传统,后两伦处于传统与现代的交切之中。而"新五常"中,只有"爱""诚信"可以说属于传统,其他三德即"公正、责任、宽容",都具有明显的现代性特征,这说明"新五常"由传统向现代的转换不仅在具体内容而且在结构元素方面已经越过拐点。由此便可以得出一个结论:以"新五伦"与"新五常"为核心的伦理道德现代转型的文化轨迹,是"伦理上守望传统,道德上走向现代"。这种转型轨迹借用朱熹的理学话语即所谓"同行异情"。伦理转型与道德转型"同行",但二者却"异情"。在伦理与道德的辩证互动及其现代发展中,"伦理守望传统",伦理发展的主流趋向是"变"中求"不变",是对传统的守望;"道德上走向现代",道德发展的主流趋向是"变",是在问题意识驱动下走向现代;两种趋向表现为伦理与道德发展的不平衡。虽然"新五伦"的具体内容无疑都具有现代性,但其要素更重要的是其文化结构依然体现和守望着传统,家庭伦理的本位地位及其与社会、国家的关系,依然体现传统中国文明的"'国—家'伦理"即家国一体、由家及国的特殊文化气质和文化规律。伦理范型的要素及其根本结构没有变,一句话,"人伦"没有根本改变,"变"的只是作为"人道"体现的"新五常"。

"新五常"与社会主义核心价值观和公民道德纲要之间的关系需要特别说明。"新五常"只是中国社会大众认同度最高的五种德性或德目,它们在一定意义上体现社会主义核心价值观和公民道德纲要的要求,但并不直接就是这些内容。譬如"爱"当然包括"爱国","公正"与"诚信"本身就是核心价值观也是公民道德纲要的要求。但是,第一,它们与核心价值观的要求和公民道德建设实施纲要所提倡的道德规范并不是一个层面的问题,"新五常"作为调查所揭示的大众共识属于大众意识形态,而核心价值观和公民道德建设纲要则是国家意识形态引领所要达到的目标,前者应当是后者的具体体现而不是简单演绎,同时也正因为二者之间存在差异,才需要继续引领。第二,"新五常"与传统"五常"也具有不同性质,它是也只是社会大众认同的最需要的德性,这些德性相当程度上具有强烈的"问题意识",即可能指向当下中国社会中存在的诸多道德问题,遵循"大道废,有仁义"的"治病模式",它们要像传统"五常"那样成为"基德"和"母德",还需要经过理论上的反思和建构,由"治病模式"转换为"养育模式"。

调查发现,"新五常"共识的生成不仅与当今中国社会存在的道德问题相关甚至指向道德问题,而且十八大以来,对中国社会突出道德问题的治理,已经取得很大成效。

2013 年至 2017 年,诸突出道德问题的严重程度全面下降,对道德问题的治理取得很大成就,但问题式也发生变化或发展不平衡,其中娱乐界、媒体、公众人物三大领域的道德问题依然严峻(图3)。

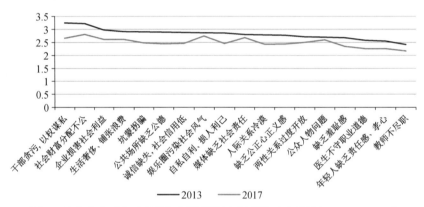

图 3 社会大众对突出道德问题及其强度判断的时序差异(2013 VS 2017)

五、伦理道德发展的文化共识:伦理精神共识

家庭、社会、国家是生活世界中的三大伦理实体,它们的辩证互动构成人的伦理生活、伦理精神和伦理世界的体系。家庭是自然的或直接的伦理实体,财富的普遍性和国家权力的公共性,是生活世界中伦理的两种存在形态,也是社会与国家成为伦理性存在或伦理实体的两大基本伦理条件。无论家庭、社会、国家三大伦理实体还是它们间的关系,历来都是中国文明尤其是中国伦理道德的难题。因为,一方面,在家国一体、由家及国的文明体系即"国—家"传统中,家庭与国家,以及与作为二者之间中介的社会之间的一体贯通,是中国文明的特殊规律;另一方面,三者关系的合理性,也是内在于中国文明的深刻难题。中国伦理道德对人类文明的最大贡献,就是在生活世界和精神世界中建立了三者贯通的哲学体系和人文精神,即修身齐家治国平天下的"大学之道",但也遭遇了不同于西方伦理道德的特殊挑战,最根本的挑战就是家庭在文明体系中的特殊地位,及其对财富伦理和权力伦理的深刻影响。

1. 家庭伦理的文化宽容

改革开放邂逅独生子女,独生子女邂逅老龄化。当今中国社会关于家庭伦理是否形成,以及形成何种重要文化共识? 调查显示:共识正在逐渐生成,聚焦点是家庭伦理形态、伦理能力和伦理风险,共识的主题词是"文化宽容"。

"现代家庭关系中最令人担忧的问题是什么?"据 2007 年、2017 年的调查,获得的信息相同:代际关系第一，婚姻关系第二。10年中关于家庭伦理的集体意识的最大变化，是由主观道德品质向客观伦理能力的演进。代际关系是家庭伦理的问题意识的首要自觉，10年中第一忧患已经从2007年的"独生子女缺乏责任感"和"孝道意识薄弱"的主观品质，转换为2017年的"独生子女难以承担养老责任"的客观状况；婚姻不稳定也不只是因为价值观上的"两性关系过度开放"，还有"守护婚姻"的意识和能力的缺失。"问题式"转换的主要原因，一是独生子女与老龄化的邂逅，使中国社会不仅在文化价值上"超载"即孝道的文化供给不足，而且在伦理能力即行孝的能力方面"超载"；二是伦理形态尤其是婚姻伦理形态、家庭伦理形态的变化。代际伦理的忧患意识由道德品质向伦理能力的转化，某种意义上可以看作是代际的伦理理解和伦理和解，因为伦理能力的归因是对道德品质的某种解脱，但它毋宁应当被看作是独生子女时代父母一代悲壮的伦理退出，因为客观伦理能力的有限性，于是部分甚至彻底地放弃对"独一代"孝道的道德诉求与道德追究。但是，它不仅预示着家庭作为终极关怀的自然安全系统的伦理风险，更预示着以家庭为根基的伦理型文化的风险。

当今中国社会正在形成的关于婚姻伦理的重要共识，其主题是对多样性婚姻形态的宽容，以及实体性婚姻向原子式婚姻变迁的可能。2017年的调查信息，可以呈现现代中国社会可能存在或已经存在的婚姻伦理形态的多样性，以及社会大众的伦理宽容度。

调查问题"你对以下现象的态度是什么？"统计结果见表10。

表10 对各种婚姻形态的态度（2017）

	1 完全赞同（人）	2 比较赞同（人）	3 中立（人）	4 比较反对（人）	5 强烈反对（人）	平均值（E）
不婚	75	541	3343	2893	1696	3.65
试婚	54	722	3141	2737	1770	3.65
同居	71	774	3557	2475	1633	3.57
同性恋	37	136	1396	2765	3942	4.26
婚外恋	16	62	802	2522	5036	4.48
丁克家庭	34	140	2048	2384	2990	4.07
代孕	20	111	1528	2499	3568	4.23

社会大众对"婚外恋""同性恋""代孕""丁克家庭"依次保持比较严峻的伦理立场；对"不婚""试婚""同居"等虽然相对比较宽容，但"比较反对"和"强烈反对"依然是第一主体；除"婚外恋"其他选项的中立态度都占很大比重，表明对婚姻形态多样性的伦理宽容。不过，最重要的变化不只是婚姻价值取向，还有婚姻伦理能力。2017年调查的信息显示婚姻伦理能力的某种变化。"在恋爱或婚姻中，你有为对方而改变自己的意识吗？"，"有，经常这么做"占33.9%，"有，但做起来有些困难"占36.6%，"没想过这个问题"占23.9%，"无需改变"占5.4%。真正能为对方而改变的只占三分之一。可以说，一种原子式的婚姻伦理形态正在到来。

2. 分配公正与社会伦理实体的文化认同

社会公正不仅关乎社会的伦理存在，是社会作为伦理性实体的显示器，也关乎大众对社会的伦理认同，最后关乎社会的伦理凝聚力。在2007年、2013年的全国调查中，分配不公分别居于社会大众最担忧的问题的第一和第二位。四年之后的2017年，中国社会的公正状况和大众伦理认同发生何种变化？

当今中国社会的公正状况到底如何？2017年的全国调查数据如图4所示。

图4显示,社会大众的主流认知是"说不上公平但也不能说不公平"的模糊判断,占38.0%,但认为"比较不公平"占29.3%,"比较公平"占24.7%,"不公平"比"公平"的判断高出接近5个百分点,因而"不公"依然是"中国问题"。

但另一数据可以诠释社会公平的发展态势。调查问题"与前几年相比,我国社会的分配不公、两极分化现象有何变化"的统计结果见图5。

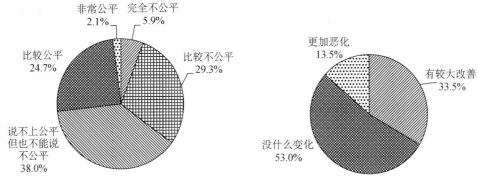

图4 "你认为当今中国社会是否公平"(2017) 　图5 "与前几年相比,我国社会的分配不公、两极分化现象有何变化"(2017)

53.0%的被调查者认为"没什么变化",是主流;它与"说不上公平但也不能说不公平"的模糊判断相对称,但在中立判断之外,占绝对主导地位是"有较大改善"的认知,占33.5%,只有13.5%认为"更加恶化"。

"当今中国社会对于分配不公的伦理承受力如何?""你认为目前我国社成员之间的收入差距是否可以接受?"2013年和2017年的全国调查有明显差异(表11)。

表11　收入差距的大众接受度

	合理,可以接受	不合理,但可以接受	不合理,不能接受	说不清
2013年全国调查	13.9%	45.0%	29.5%	11.6%
2017年全国调查	17.3%	60.3%	22.3%	

"不合理"的判断是主流,但"可以接受"的判断也是主流。但在四年中,认为"合理,可以接受"的判断上升了近4个百分点,而"不合理,不能接受"的判断下降了7.2个百分点。这也反证了上文关于贫富不均现象"有较大改善"的信息和判断,同时也可以假设,当今社会大众对收入差距的心理承受力和伦理接受度均有了提高。

当今中国社会大众关于社会公平状况已形成基本共识,但这些认知和判断也存在群体差异。最大共识发生于城乡群体之间。城乡差异历来是中国社会差异的重要问题之一,但调查显示,无论关于当前中国社会公平状况的判断,还是对于收入分配差异的接受度,农村人口与城镇人口的认知和态度都比较接近,没有因户口不同表现出较大差异。最大差异发生于不同职业群体和教育群体之间。群体差异主要体现在官员群体与其他群体之间,教育差异主要发生于高学历群体与低学历群体之间。

可见,在关于社会公平状况的群体差异中,官员群体的选择处于最大或最小极值即极值的第一位,在11个选项中出现7次,处于差异极值的比例为63.6%,其中最大值4次,都是肯定性的,最小值3次,都是否定性的。其他群体极值频次:企业家4次,小业主3次,工人3次,无业人员2次,农民、企业员工各1次(表12)。由此可以假设,在关于社会公平的认知判断方面,官员群体与其他群体尤其是企业家、小业主群体之间存在很大差异,有待进行伦理沟通和文化对话。当然,2017年全国调查的官员群体主要是一些基层官员,中高层官员群体的选择可能会有所不同,但正因为他们在基层,与社会大众的关系最直接,因而也最值得关切。

表12 关于社会公平状况认知判断的群体差异(2017)

主题	内容	最大值群体	最小值群体
当今中国社会公平不公平	完全不公平	无业人员 6.8%	企业员工 4.9%
	比较不公平	企业家 38.2%	官员 18.1%
	说不清	工人 41.8%	企业家 29.4%
	比较公平	官员 35.5%	小业主 22.4%
	非常公平	官员 5.4%	工人 1.2%
分配不公的发展趋势	有较大改善	官员 50.0%	小业主 30.0%
	没什么变化	农民 57.7%	企业家 32.3%
	更加恶化	企业家 22.6%	农民 10.9%
收入差距的接受度	合理,可以接受	官员 34.2%	工人 15.3%
	不合理,但可以接受	小业主 62.8%	官员 54.2%
	不合理,不能接受	无业人员 26.2%	官员 11.6%

不过,对于社会公平的认知和判断还取决于另一因素,即对公平的文化敏感性,因而与受教育程度或文化水平相关。在初中及以下、高中中专职高、大专、大学及以上四个文化区隔中,大学及以上教育程度的群体在极值中的出现率最高,同样是7次。其次是高中、中专、职高,出现6次,初中及以下出现5次,大专4次,基本上呈等差级数。总体上,大学及以上教育群体更多倾向于肯定性判断,这与他们在社会中的文化地位和获得感显然呈正相关。

3. 关于干部道德的文化共识

"腐败不能根治"一直是社会大众最担忧的问题,在2007年全国调查中居第二位,在2013年调查中居第一位。经过十八大以来的强力反腐措施,这一难题的破解取得何种进展?社会大众的"第一担忧"是否得到缓解并形成一些新的共识?2017年的全国调查显示,关于干部道德的三个共识正在形成。

1) 腐败现象有较大改善,对干部的伦理信任度提高

近几年来,官员腐败现象有什么变化?认为"有较大改善"占65.1%,"有很大改善"占12.8%,两项相加达到近80%,是绝对多数(图6)。

惩治腐败有效提高了社会大众对政府官员的伦理信任度(图7)。

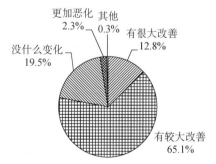
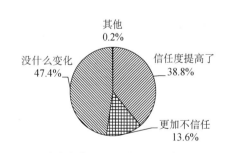

图6 近几年官员腐败现象的变化(2017)　　图7 对政府官员伦理信任度的变化(2017)

虽然近47.7%的被调查者认为"没有什么变化",但"信任度提高了"的选择占38.8%,这是一个十分可喜的变化。

2) 对官员群体的伦理理解和伦理认同度提高

对"你认为干部当官的目的是什么？"的调查结果见图 8。

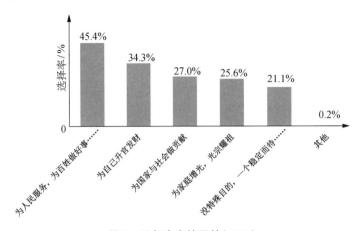

图 8　干部当官的目的(2017)

第一选项就是"为人民服务,为百姓做好事……",选择率达 45.4%,加上"为国家与社会做贡献"的 27.0%,肯定性、认同性判断是主流。虽然"为自己升官发财"也有 34.3%,但在 2007 年的调查中,第一选项就是"为自己升官发财"。这表明社会大众对整个官员群体在理解与和解中走向认同。

3) 伦理形象复杂多样,干部道德出现新问题

虽然在干部道德方面取得重大进展,但真正解决问题还任重道远。"在生活中或媒体上看到官员时,你首先联想到的是什么"社会大众对于官员伦理形象的"伦理联想"或"伦理直觉"值得深思。

社会大众对于官员形象的"伦理联想"非常复杂,虽有 19.3% 认同"公仆,为老百姓谋福利",居第三位,2.9% 认同"遇到大事可以信任的人",但其他都比较复杂,甚至负面,"官僚,根本不了解我们的情况""有权有势的人"分别居第一、第二位(图 9)。

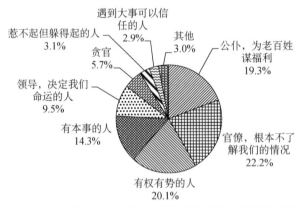

图 9　"在生活中或媒体上看到官员时,你首先联想到的是什么"(2017)

重要的是,当今干部道德出现了许多新情况和新课题,干部道德问题出现新的形态。"你认为当今干部道德中最突出的问题是什么"的调查结果见表 13。

表 13　官员道德的突出问题

	第一	第二	第三	第四	第五	第六	第七	第八
2013 年全国调查	贪污受贿	以权谋私	生活作风腐败	政绩工程,折腾百姓	平庸,不作为	官僚主义	铺张浪费	拉帮结派
2017 年全国调查	以权谋私	贪污受贿	平庸,不作为	生活作风腐败	乱作为,折腾百姓	官僚主义	拉帮结派	铺张浪费

两次调查,共识度较高,变化一般只是相邻两大问题调换次序。"贪污受贿"与"以权谋私"依然是最严重问题。变化最大的只有一个,即"平庸,不作为",从第五位上升到第三位。位序唯一没变的,是"官僚主义",都处于第六位。

综上,经过近几年的努力,官员道德问题得到很大改善,社会大众对官员群体的伦理信任度明显提高,关于干部道德的群体认同的最大差异,依然发生于官员群体与其他群体之间。

"与前几年相比,您对政府官员的信任度有什么变化"的统计结果见表14。

表14 "与前几年相比,您对政府官员的信任度有什么变化"(2017)

	干部	企业家	专业人员	工人	农民	企业员工	做小生意者	无业失业下岗人员	总计
信任度提高	64.0%	45.5%	52.0%	36.0%	36.7%	41.1%	37.0%	40.0%	38.8%
更加不信任	13.4%	12.1%	11.4%	12.9%	14.8%	12.3%	14.7%	13.0%	13.5%
没什么变化	22.6%	42.4%	36.6%	51.0%	48.3%	46.3%	47.8%	46.8%	47.5%
其他	\	\	\	0.1%	0.2%	0.3%	0.5%	0.2%	0.2%
总计	100.0%	100.0%	100.0%	100.0%	100.0%	100.0%	100.0%	100.0%	100.0%
列总计	164	33	431	2308	2426	845	1053	1309	8569

从表14可以看出,对官员伦理信任度提高的最大群体是干部群体自身,其次是专业人员,其他群体与干部群体都相差20至30个百分点,干部与工人、农民的差异度最大,近30个百分点。但诸群体对"更加不信任"的选择基本相同,都比较小。

"在生活中或媒体上看到官员时,你首先联想到的是什么?",诸群体之间关于官员形象的"伦理联想"差异也很明显,调查结果见表15。

表15 官员形象的伦理联想的群体差异(2017)

	官员	企业家	专业人员	工人	农民	企业员工	做小生意者	无业失业下岗人员	总计
公仆,为老百姓谋福利	37.1%	24.2%	22.4%	19.1%	16.1%	26.4%	17.6%	19.3%	19.3%
官僚,根本不了解我们	16.2%	36.4%	20.1%	23.4%	22.0%	21.7%	25.5%	19.2%	22.2%
有权有势的人	9.6%	12.1%	19.2%	21.2%	20.9%	16.4%	19.7%	21.2%	20.1%
有本事的人	11.4%	6.1%	13.8%	14.4%	14.4%	14.7%	14.1%	14.5%	14.3%
领导,决定我们命运的人	8.4%	6.1%	10.3%	9.3%	10.2%	8.9%	9.5%	8.8%	9.5%
贪官	5.4%	9.1%	2.6%	5.2%	7.4%	2.8%	4.8%	6.8%	5.7%
惹不起但躲得起的人	0.6%	3.0%	3.3%	3.0%	3.6%	2.3%	3.1%	3.0%	3.1%
遇大事可以信任的人	6.0%	6.1%	4.2%	2.3%	2.5%	3.0%	3.2%	3.3%	2.8%
其他	5.4%	3.0%	4.2%	2.0%	2.9%	3.9%	2.6%	3.9%	3.0%
总计	100.0%	100.0%	100.0%	100.0%	100.0%	100.0%	100.0%	100.0%	100.0%
列总计	167	33	428	2321	2430	844	1058	1299	8580

由表15也可以看出,当看到官员出场时,伦理形象的"伦理联想"依次是:公仆、官僚、有权有势、有本事、决定命运、贪官、惹不起躲得起、可以信任。其中最大差异同样发生在官员群体与其他低层群体和企业家群体之间。干部对"公仆"形象联想的选择率最高,但与工人、农民、做小生意者、无业人员之间相

差一倍左右,与农民的差异度最大,相差21个百分点,超过一倍。而对"官僚"的联想度,干部群体选择率最低,为16.2%,企业家群体选择率最高,为36.4%,相差一倍多。对"贪官"的联想度也不是很高,最高选择是企业家,为9.1%,最低是专业人员,为2.6%。

六、伦理型文化的规律

综上所述,改革开放40年,中国社会大众的伦理道德发展的文化共识已经生成。10年轨迹、三大里程碑、三大过程、三大共识,演绎现代中国的伦理道德发展的特殊文化气派和文化规律:伦理型文化的规律。

1. 伦理型文化的中国气派

中国文化传统上是一种伦理型文化,调查已经表明,现代中国文化依然是一种伦理型文化。改革开放40年,中国社会发生了翻天覆地的变化,然而伦理型文化的血脉没有变,这就是"变"中之"不变"。在世界文明史上,中国伦理型文化是与西方宗教型文化比肩的独特文化形态和文化气派,伦理道德及其传统是中国文明对人类作出的最大贡献。在现代文明体系中,伦理道德依然是中国人安身立命的根基,能够展现伦理型文化的独特风貌。

三次全国调查、四次江苏调查的大数据表明,现代中国社会中有宗教信仰者是绝对少数,2013年的调查为11.5%,2017年的调查为8.5%。也许这个数据与人们的主观感受有所差异,然而关键在于,必须将宗教信仰与宗教感相区分。宗教信仰是自觉的精神皈依,而宗教感只是一种追求终极关怀的不自觉的情结。西方政客批评中国人"缺乏宗教信仰,很可怕",这是典型的对中国文化的无知。如果一种信仰对人的安身立命不可缺失,而在这个民族的文化构造中又没有这个结构,那么只能说在这个民族文化中存在另一种文化替代。梁漱溟先生在《中国文化要义》中早就断言,在中国文化中"伦理有宗教之用""以道德代宗教"。其实梁先生的观点并不彻底,因为他依然以宗教为参照,难以走出西方文化中心论的陷阱。

雅斯贝斯发现,在轴心时代人类不约而同地产生一种觉悟,相信在精神上可以将自己提高到与宇宙同一的高度。金岳霖先生发现,这种终极觉悟的哲学表达便是提出一些"最崇高的概念",如希腊的"逻格斯"、希伯来的"上帝"、印度的"佛",在中国则是"道"。金先生的发现也不全面,因为在轴心时代的春秋时期,中国文化的最崇高概念不仅有"道",而且有"伦"。老子与孔子、《道德经》与《论语》同时诞生,在日后中国文化的核心构造和中国人的精神结构中,道家和儒家总是一对孪生儿,《道德经》的精髓是"得'道'",《论语》的精髓是"'伦'语"。

每个民族都有自己的终极关怀,它是文化的终极价值,因此也成为这个民族具有终极意义的文化忧患。西方宗教型文化的终极忧患就是陀思妥耶夫斯基在《罪与罚》中借助主人公的口不断发出的那个追问:"如果没有上帝,世界将会怎样?"中国文化的终极忧患,就是孟子在《孟子·滕文公上》中的那段名言:"人之有道也,饱食、暖衣、逸居而无教,则近于禽兽。圣人有忧之,使契为司徒,教以人伦。""人之有道","道"是终极价值,于是中国文化的终极忧患便是所谓"类于禽兽"的"失道之忧"。如何走出失道之忧?"教以人伦","伦""人伦"就是终极关怀。

由此便可以理解,在文明的重要转换关头,中国社会的初始文化感受和文化批评总是"世风日下,人心不古"。"世风"是伦理,"人心"是道德,"日下"和"不古"都表明传统同一性的文化解构。这一批评的真义就是因为伦理道德是中国人的终极价值和终极关怀,其文化逻辑是:因为是终极关怀,所以是终极价值;因为是终极价值,所以是终极忧患;因为是终极忧患,所以是终极批评。由此可以发现,数千年来,中国社会不断发出"世风日下,人心不古"的批评,然而中国文明就是在这种批评中不断发展的。回想改革开放初期,也曾遭遇"滑坡"与"爬坡"的长期争论,争论没有结果,然而改革开放已经在这个争论中大步行进。伦理型文化是现代中国社会必须建构也是正在达到的文化自觉。

中国文明史从来不缺失宗教的元素,不仅原初文化基因中已有祖先崇拜,本土文化中有道教,而且在盛唐还主动引进并大力发展了外来的佛教,基督教在近现代中国也不断浸入。中国文化的独特气派不是"无宗教",而是"不宗教",是"有宗教"而"不宗教",即在存在宗教的文化选项的背景下拒绝走上宗教的文化道路。"不宗教"的文化底气和文化气概从哪里来?因为"有伦理"。"有伦理,不宗教",就是"中国气派",也是"中国气概"。由此可以演绎,应对西方宗教文化入侵的能动文化战略,不是被动的严防死守,而是大力发展伦理道德,以伦理道德为人的安身立命提供终极关怀和终极价值。这便是以"思想道德"为"精神文明"核心的应有之义。

2. 伦理—道德一体、伦理优先的规律

伦理型文化的形态和气派,要求在伦理道德发展和伦理学研究中遵循伦理型文化的规律。伦理型文化规律的第一要义是:伦理—道德一体,伦理优先。

40年改革开放,伦理学研究在向西方学习的过程中也移植了西方理论,然而简单移植的结果,不仅造成理论上的误区,也导致现实上的混乱,其中康德主义的影响尤为深刻。康德道德哲学和康德主义对中国伦理道德的误导有两个方面。一是"无伦理",正如黑格尔所批评的那样,康德哲学"完全没有伦理的概念",甚至对伦理"加以凌辱",他的道德哲学只是"真空中飞翔的鸽子",因而最后的结果只能是他在《实践理性批判》中呈现的那样,孤独地"仰望星空";二是"没精神",将道德只当作理性,名之为"实践理性"。其中"无伦理"对中国伦理道德发展的影响最潜隐也最深刻。中国文化名之为"'伦理型'文化"而不是"'道德型'文化",已经隐喻伦理之于道德的优先地位,从孔子"克己复礼为仁"的"礼—仁"一体、以礼释仁的精神哲学范式,到孟子"人之有道……教以人伦"的终极价值与终极关怀,便奠基了中国文化伦理道德一体、伦理优先的基因和元色。然而,现代中国伦理学基本上是道德的话语独白,"伦理学"成为"道德学";现实道德发展中伦理的理念也严重缺场,于是造成诸多理论和现实困境,典型表征就是自2006年至2015年长达十年的"扶老人难题",这个难题之"难",乃至可以说"一个老人难倒中国社会"。

相当一段时期中,"扶老人难题"曾经成为全社会的纠结。根据东南大学学者张晶晶副教授的检索,如果以"南京彭宇扶徐老太案"作为老人摔倒问题进入公众视线的始点,2006至2015年这十年中网络媒体共报道老人跌倒事件93起,其中四大门户网站报道49例,官方媒体报道44例(图10)。年均报道超过9起,两类媒体关注率大体相当。有待追问的是,"扶老人"因何成为社会问题?

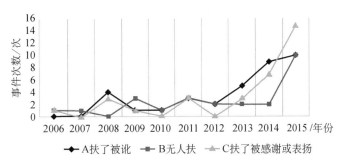

图10 2006—2015年网络媒体报道的93起扶老人事件走向

从以上三组数据可以发现三大焦点:

(1) 问题律

"扶老人事件"在十年中已经从偶发成为频发社会事件,自2013年(10起)进入拐点后直线上升,无论是事件报道总量,还是事件的不同后果都在2015年飙升到峰值(35起),进而演化成重大社会问题。

(2) 因果律

三类结果中,"扶了被讹"居第一位,占36.39%,在前9年的报道中都高于居第二位的"扶了被感谢或表扬"(占32.34%),说明因果律的错乱导致问题不断恶化,但在2015年发生置换,主流媒体的导向使事态发生质的转化,"扶了被感谢或表扬"居第一位。

（3）纠结律或盲区律

与"扶了被诬"和"扶了被感谢或表扬"两种曲线的交织状态相对应,"无人扶"似乎穿插于这两条曲线之间,在9年的演进中大体平稳,占25.27%,只是同样在2015年达到峰值,"扶了被感谢或表扬"高于"扶了被诬"和"无人扶"。扶老人本是社会良知的本能反应,在一个正常社会根本不会成为难题,更无需聚集这么多的社会关注,然而由于扶老人的两种不同后果,社会已经陷入"扶与不扶"的良知纠结甚至良知盲区。

"扶老人"的社会良知为何会演绎为严峻的社会问题？它如何从社会问题最后演绎为社会危机？基于定量描述和进行定性分析便会发现,"扶老人问题"的三大焦点分别表征这一事件由道德问题向伦理问题、由伦理问题向社会危机演进的三个文化过程：第一,"撞—没撞"的道德信用问题;第二,"信—不信"的伦理信任问题;第三,"扶—不扶"的文化信心问题。

不难发现,"扶老人事件"由问题走向危机,经历了道德信用问题转化为伦理信任问题、伦理信任问题演化为文化信心问题的三个节点和两次转换。老人到底有没有被撞,这是当事人的个体道德,准确说是道德信用问题;大众对事情真相到底信与不信,是一个伦理信任问题,既是社会伦理对个人的信任,也是个人对社会的伦理信任问题;由此演发的老人跌倒"扶"还是"不扶"的纠结,则是人们对"在一起"的社会信心和对善恶因果律的文化信念问题。在这个由问题向危机演化的轨迹中,伦理信任既是拐点,也是中枢或病灶。它既有道德信用的前因,更有社会信心和文化信念缺失的深刻而严重的后果。老人跌倒不敢扶,不仅是个体道德信用的缺失,更是社会伦理信任的丧失,任其发展,最后扶不起的不是老人,而是整个中国社会。可见,"无伦理"的单向度的道德视域的后果在理论和现实中都将造成十分严重的后果。

3."精神"律

"理性"作为一种哲学话语在中国文化中完全是一种舶来品,其大概在20世纪初进入中国,逐渐喧宾夺主,僭越为主导话语。中国文化尤其中国伦理道德的传统是"精神",伦理道德的真谛就是陆九渊所说的"收拾精神,自作主宰,万物皆备于我",其要义就是王阳明所倡导的"知行合一"。西方思潮的影响,导致一种文化景象："理性"的玉兔东升,"精神"的金乌西坠。理性主义在学术研究和人的精神构造中导致的突出伦理道德病症就是"没精神"的知行脱节。

"你认为当今中国社会道德素质的最大缺陷是什么？"三次调查的信息表明社会大众对它已经达成高度共识（表16）。

表16　道德素质缺陷的判断（2007—2017年数据比较）

	道德上无知	有道德知识但不行动	既无知也不见诸行动
2007年全国调查	6.6%	83.9%	6.8%
2013年全国调查	12.3%	66.7%	17.2%
2017年全国调查	13.2%	69.4%	16.7%

问题很明显,无论在道德教育还是道德实践上,人们所着力的往往是罗素所说的"关于道德的知识",或者"道德的知识",而不是道德行动。"没精神"的道德教育内在一种巨大的文化风险,只能培养知而不行的"优美灵魂",单向度的理性主义很可能造就"精致的利己主义",甚至出现培根式的那种理智的巨人、道德的恶棍的分裂的人格。走出误区,必须摆脱西方理性主义的文化殖民,回归中国伦理道德的"精神"家园和"精神"传统,在"走向伦理精神"中建构知行合一的伦理道德精神和伦理道德气派。

伦理学理论形态

"伦理正义"的解释力

——马克思正义观研究的思想背景和可能视角

高广旭[*]

(东南大学 人文学院,江苏 南京 211189)

> **摘 要:** "伦理正义"是马克思正义观研究的思想背景和可能视角。所谓"伦理正义"是肇始于古典政治哲学的一种正义理解。与"法权正义"基于个体权利追问平等优先还是自由优先的理论争执不同,"伦理正义"以个体德行与公共善的一致为前提,主张个体自由与共同体自由的实践统一。黑格尔对于市民社会和国家关系的思辨把握,揭示了"法权正义"的个体与共同体分裂的二元结构及其困境,探索了以"伦理正义"超越"法权正义"的国家哲学路径。马克思政治经济学批判指认了"法权正义"与资本主义生产方式的耦合关系,叙述了从异化劳动向自由劳动复归的人类解放逻辑。政治经济学批判是对"法权正义"的根本批判,现实回答了在现代社会重构"伦理正义"何以可能。
>
> **关键词:** 伦理正义;法权正义;市民社会;国家;政治经济学批判

在当前马克思正义观的诸多探讨中,有一种观点认为,马克思正义观研究决不能基于法权和伦理视角,马克思对"伦理正义"只有批判而没有建构[①]。毋庸置疑,现代政治哲学立足自然法原则为财产权的正当性奠基,确立了"得其所应得"的"法权正义"观念,马克思财产权批判思想针对的正是资本家占有生产资料的"天然正义"性。由此,把马克思划归为"法权正义"批判者的行列自然不错。然而,这一划归隐含的两个前提却突显了问题的复杂性。其一,"法权正义"的诞生是一个现代政治哲学事件,是古典政治的社会伦理"实践"转变为现代政治"理论"的结果[②]。其二,马克思的政治思想就其精神实质来说是伦理政治谱系的一环,因为其对现代政治提出了最高的道德要求[③]。在这双重意义上,如果将"伦理正义"同"法权正义"作为马克思正义观研究的可能视角一并否弃掉,未免有失偏颇。鉴于此,本文在梳理亚里士多德和黑格尔正义观的伦理意蕴的基础上提出,马克思政治经济学批判内蕴的从异化劳动到自由劳动的人类解放逻辑,既是对现代性"法权正义"的根本批判,更是对正义的伦理意蕴的理论重构。"伦理正义"作为马克思正义观研究的思想背景和可能视角应加以重新考察。

---

[*] 作者简介:高广旭,东南大学人文学院教授,东南大学道德发展研究院研究员。
原文已发表于《道德与文明》2018年第6期。
项目基金:国家社科基金重大项目"马克思主义伦理思想史研究"(17ZDA022)、国家社科基金青年项目"政治经济学语境下的马克思正义观研究"(15CZX010)、江苏高校哲学社会科学重点项目"历史唯物主义视域中的马克思道德观研究"(2017ZDIXM019)。

[①] 张文喜:《马克思对"伦理的正义"概念的批判》,《中国社会科学》2014年第3期。
[②] [美]列奥·施特劳斯:《什么是政治哲学》,李世祥等译,北京:华夏出版社,2014年,第75页。
[③] 张盾:《"道德政治"谱系中的卢梭、康德、马克思》,《中国社会科学》2011年第3期。

一、"伦理正义"的古典政治哲学形态

众所周知,在柏拉图的政治哲学视域中,正义是理性先验构造的结果,政治的正义性要借助理论哲学的合理性规制来实现。柏拉图认为,正义的国家就是由哲学王根据自身的理性能力对政治生活的普遍性谋划①。不同于柏拉图,亚里士多德提出,正义是一个伦理政治概念,具有丰富的伦理内涵。正义关涉的是在城邦共同体的生活中,个体行为所遵循的道德德性是否与共同体的共同善相一致,城邦政制所遵循的公共之善是否为个体潜能的实现提供制度保障。

在《尼各马可伦理学》中,亚里士多德首先就正义的性质和范围做了实践哲学层面的分析和限定。亚里士多德提出,正义可以从两个层面加以定义,一种是总体的正义,另一种是具体的正义。总体的正义是一种德性,是诸种德性之首。它分为两类,一类在个体意义上,是让人做正确的事情的品质,正义"使人做事公正,并愿意做公正的事情",不正义则意味着做事不公正或做不公正的事。另一类在城邦共同体意义上,是"产生和保持政治共同体的幸福或其构成成分的行为"②。具体的正义是一种策略,保障总体的正义得以可能。它也分为两类,一类是分配的正义,另一类是矫正的正义。分配的正义是指在人的平等和物的平等方面寻求一个恰当的比例,只有合比例的才是适度的,而公正就是合比例的。所以,分配正义在这个意义上是一种涉及公共财富以合理比例进行分配的问题。③ 矫正的正义是指在私人交易中起矫正作用的正义,它是"在出于意愿的或违反意愿的私人交易中的公正"④。矫正的正义关注的是在交易结果上的实质性比例问题,因此这种正义的维护者主要是法律。⑤

在《政治学》中,亚里士多德强调,关于政治正义的探讨不应该在哲学理论意义上进行同一性的先验建构。"我现在所提到的,乃是苏格拉底推论的前提,即,整个城邦愈一致就愈好。但是,一个城邦一旦完全达到了这种程度的整齐划一便不再是一个城邦了,这是很显然的。因为城邦的本性就是多样化,若以倾向于整齐划一为度,那么,家庭将变得比城邦更加一致,而个人又要变得比家庭更加一致。因为作为'一'来说,家庭比城邦为甚,个人比家庭更甚。所以,即使我们能够达到这种一致性也不应当这样去做,因为这正是使城邦毁灭的原因。"⑥所以,虽然亚里士多德关注的问题与柏拉图一致,即把正义看作判断政体形式是否善的重要标尺。但是,亚里士多德对正义的理解较柏拉图有着鲜明的实践哲学特征,它既关注整个城邦政治的正义性,也关注个体公民生活的正当性,并且强调城邦的生活具有多元性和多样性特征。

可见,对于亚里士多德而言,政治的正义性不是理性规制的结果,其伦理内涵诸如互惠、友爱等才是政治正义的基础。因为政治哲学是一种实践哲学而非理论哲学,其面向的对象具有实践多样性,其所要达到的目标是异质性和共同性之间的张力关系。在这个意义上,有学者对亚里士多德政治哲学的定位是中肯的:"亚里士多德是第一个认识到没有能力在哲学上确定社会真理和政治真理的哲学家。"⑦

纵观亚里士多德上述关于正义问题的探讨,其贯彻的基本逻辑有两个:一个在《尼各马可伦理学》中,围绕德性正义与具体正义的关系展开;另一个在《政治学》中,围绕共同体正义与个体正义的关系展开。再进一步观之,德性与城邦的正义是一种总体性关系中的伦理之善,而财富的分配与矫正的正义则是一种涉及社会利益差别及其调整的权宜之计。

---

① [古希腊] 柏拉图:《理想国》,郭斌和、张竹明译,北京:商务印书馆,1986年,第310页。
② [古希腊] 亚里士多德:《尼各马可伦理学》,廖申白译,北京:商务印书馆,2003年,第129页。
③ [古希腊] 亚里士多德:《尼各马可伦理学》,廖申白译,北京:商务印书馆,2003年,第134页。
④ [古希腊] 亚里士多德:《尼各马可伦理学》,廖申白译,北京:商务印书馆,2003年,第136页。
⑤ [古希腊] 亚里士多德:《尼各马可伦理学》,廖申白译,北京:商务印书馆,2003年,第137页。
⑥ [古希腊] 亚里士多德:《政治学》,颜一、秦典华译,北京:中国人民大学出版社,2003年,第30页。
⑦ [美] 麦卡锡:《马克思与古人——古典伦理学、社会正义和19世纪政治经济学》,王文扬译,上海:华东师范大学出版社,2011年,第113页。

在亚里士多德的伦理学和政治哲学体系中,正义既不是抽象的形式平等理念,也不是狭隘的利益分配机制,而是个体的社会性交往与政治共同体的伦理之善之间的和谐关系。也就是说,对于亚里士多德而言,个体德行与共同善是内在一致的,对于个体是正义的,对于共同体也是正义的。对于个体而言,正义就是在社会性的交往过程中遵循伦理性的德性规范。"公正最为完全,因为它是交往行为上的总体的德性。它是完全的,因为具有公正德性的人不仅能对他自身运用其德性,而且还能对邻人运用其德性。"①

对于共同体而言,正义就是为个体社会交往提供具体普遍伦理有效性的公共性保障。"政治的公正是自足地共同生活、通过比例达到平等或在数量上平等的人们之间的公正。"②因此,亚里士多德对正义的探讨,既不是从普遍性的形上理念出发,也不是从特殊性的利益法则出发,其正义观隐匿遵循的是一种总体性的社会伦理思路,即强调在个体德行和公共善的辩证关系中把握正义的性质及其形态。

亚里士多德的正义区分具有重大的政治哲学史意义。它既是对柏拉图先验正义观的扭转,更开启了追求社会制度设计与个体潜能发挥一致的伦理政治传统。伦理政治传统把城邦之善与社会现实结合起来加以考察,强调正义的伦理内涵决定了正义不仅是社会财富的公平分配,更是整个城邦政治与个体生活的和谐一致。在这个意义上,伦理政治所蕴含的"伦理正义"就是个体在城邦生活中获得自由发展空间和普遍认同的社会现实,意味着社会总体之善为个体潜能的发挥提供了有效的制度保障,意味着个体行为能够在共同体中获得真实的认同。

亚里士多德的"伦理正义"作为普遍正义与特殊正义的统一,体现了古典政治哲学视域对于古希腊城邦生活中个体与共同体关系的把握。而随着古希腊城邦的衰落和近代启蒙运动的兴起,古典政治哲学关于个体与共同体关系的社会伦理和解,被现代政治哲学肢解为个人与社会并存的二元结构。诚如列奥·施特劳斯所言:"政治社会的功能不是关注公民是否幸福,也不管他们是否能成为亚里士多德所说的那种举止高尚的君子,而是去创造幸福的条件,去保护他们,或用行话来说,要保护人的自然权利。"③为了"保护人的自然权利","伦理正义"被肢解为"法权正义"的两种形态:一个是"平等正义",即保障个体在享有社会财富方面的机会均等;另一个是"自由正义",即保障个体在维护自身财产权利方面的天然正确。

二、"伦理正义"对"法权正义"的超越

古典"伦理正义"向现代"法权正义"的转变在黑格尔法哲学中获得了思辨再现。黑格尔认识到:一方面,个体基于自然权利关注的是物质利益的所有权,进而"得其所应得"成为现代社会秩序构建的正义逻辑。另一方面,个体基于意志自由关注内在的道德自律,而不关注邻人的幸福,进而作为"社会现实"的正义变成理性主体为自身立法的"道德应当"。为此,黑格尔强调,"法权正义"使得正义变成脱离社会现实的抽象形式,正义作为精神发展内在逻辑,必然从抽象的"法权"形态回归到具体的"伦理"形态。

在《法哲学原理》中,黑格尔一上来就探讨法的抽象形式即契约,并强调抽象法的最高形态是道德应当,认为二者是自由的初级形式。抽象法之所以抽象,在于它停留于普遍性的应当,缺乏反思性,而道德虽然具有反思性,但仅仅是一种"主观的善",缺乏客观性。因此,克服法权和道德的片面性,必须引入一种"主观的善"和客观的善相统一的中介,这就是"伦理"。因为"无论法的东西和道德的东西都不能自为地实存,而必须以伦理的东西为其承担者和基础,因为法欠缺主观性的环节,而道德则仅仅具有主观性的环节,所以法和道德本身都缺乏现实性。"④

---

① [古希腊]亚里士多德:《尼各马可伦理学》,廖申白译,北京:商务印书馆,2003年,第130页。
② [古希腊]亚里士多德:《尼各马可伦理学》,廖申白译,北京:商务印书馆,2003年,第147页。
③ [美]列奥·施特劳斯:《苏格拉底问题与现代性》,彭磊等译,北京:华夏出版社,2008年,第23页。
④ [德]黑格尔:《法哲学原理》,范扬、张企泰译,北京:商务印书馆,1961年,第197页。

"伦理"的现实性体现在"市民社会"中。一般认为,"市民社会"只是黑格尔法哲学体系的一个环节,实际上,市民社会正构成黑格尔把握现代政治基本结构及其基本问题的思想场域。

首先,黑格尔分析了市民社会的内在属性,这就是市民社会的初级形式是个体基于需要构建的社会体系,每个人都把他人看作实现自身目的的手段,交往之所以必要,并不是基于内在的精神需要,而是外在的物质需要。"在市民社会中,每个人都以自身为目的,其他一切在他看来都是虚无。但是,如果他不同别人发生关系,他就不能达到他的全部目的,因此,其他人便成为特殊的人达到目的的手段。"①可见,在黑格尔看来,市民社会的本质是个人相互需要的物质交换体系,是现代社会个体性原则的外在表现形式,它表征的是现代社会的法权观念对传统社会伦理精神的肢解。因此,在市民社会中,正义意味着以他人为中介而满足个体的特殊性需要,利己是市民社会中的个人行为遵循的基本原则。

同时,黑格尔提出,市民社会也并不意味着普遍性的完全丧失,而是普遍性以特殊性的形式呈现出来。"这里(指市民社会),伦理性的东西已经丧失在它的两极对立中,家庭的直接统一也已涣散而成为多数。这里,实在性就是外在性,就是概念的分解,概念的各个环节的独立——这些环节现在已经获得了它们的自由和定在。在市民社会中特殊性和普遍性虽然是分离的,但它们仍然是相互束缚和相互制约的。"②这意味着,社会的伦理规范作为普遍性原是以特殊性原则表现出来,即对个人权利尤其财产权神圣不可侵犯的维护,对于社会财富分配过程中遵循公平原则的坚守。

市民社会作为特殊性与普遍性的统一体,成为黑格尔解析现代政治结构的切入点。对于黑格尔而言,市民社会既是古典政治解体的自然结果,也是现代政治获取合法性的现实场域。现代市民社会的诞生意味着个体与政治共同体矛盾冲突的开始,现代政治基于个人权利所构造的"法权正义"在市民社会中展露了自身的二元结构,即维护社会财富公平分配的"平等正义"和保障个体物质利益不受侵犯的"自由正义"。

如果说市民社会批判是黑格尔再现现代政治正义问题的显性逻辑,那么现代国家批判则构成黑格尔现代性正义批判的隐性逻辑。众所周知,契约型国家是现代国家区别于古典城邦政治的标志。对于契约型国家,黑格尔是从人与人的"任性"关系出发,而不是从人的理性"意志"出发,"因为人生来就已是国家的公民,任何人不得任意脱离国家。生活于国家中,乃为人的理性所规定,……所以国家绝非建立在契约之上,因为契约是以任性为前提的。如果说国家是本于一切人的任性而建立起来的,那是错误的。毋宁说,生存于国家中,对于每个人说来是绝对必要的"③。可见,黑格尔明确反对把国家当作为了维护个人私利而不得不与其他个体订立的契约,而强调国家就是个人的基本存在方式。

换言之,黑格尔认为,国家不是主观任意的权宜之计,而是人作为理性存在物的内在要求。所以,国家对于黑格尔而言,不仅体现个体间的外在联系,而且是作为意志自由的个人的内在确证。黑格尔的国家观具有明显的古希腊城邦特点,这就是政治共同体不是个体基于自身需要而进行物质利益协商的外在场域,而是消弭由于物质利益分配差别所导致的精神涣散,以普遍理性团结和凝聚个体意志的伦理实体。

在黑格尔看来,市民社会的道德主体性和需要原则之间的内在矛盾表明,市民社会不仅仅是一种纯粹的利益交往体系,它是理性自由的内在发展阶段,是理性普遍性和理性特殊性形式的相分裂阶段。因此,市民社会必将超越自身的分裂形式而重新走向对更高级的理性普遍性的认同,这个理性普遍性就是既容含现代性的个体原则,又超越个体抽象自由的伦理实体——国家。

黑格尔对于市民社会和国家关系的论述揭示了现代"法权正义"的结构性张力。这就是个人"为持

---

① [德]黑格尔:《法哲学原理》,范扬、张企泰译,北京:商务印书馆,1961年,第197页。
② [德]黑格尔:《法哲学原理》,范扬、张企泰译,北京:商务印书馆,1961年,第198页。
③ [德]黑格尔:《法哲学原理》,范扬、张企泰译,北京:商务印书馆,1961年,第82—83页。

存而斗争"的自然状态和个人的"自然权利神圣不可侵犯",二者实质是现代政治哲学在市民社会基础上树立的抽象法权,它必然会超越自身而推动现代"伦理正义"的自我生成。市民社会在基于个体需要的经济交往过程中,会逐渐生发出诸如同业公会的共同体形式,这种共同体形式体现了市民社会在推动个体理性与普遍理性从冲突走向和解,推动现代社会个体与共同体的社会伦理统一方面的积极作用。

市民社会并非仅仅是个体追逐私利的功利性凭借,更是社会伦理共同体的生成之地。正义的现代性内涵具有超越自身的张力,黑格尔正是准确把握到了这种张力性结构,并尝试从主体性内部克服主体性的碎片化,在现代性原则基础上重构个体与政治共同体的伦理关系。进而,作为伦理实体的国家,它所维护的既不是强调"得其所应得"的"平等正义",也不是"个体权利神圣不可侵犯"的"自由正义",而是个体理性通过主体间承认所生成的伦理精神。伦理精神是个体的自由原则与共同体的公正原则的辩证和解,它坚守的是一种个体理性与普遍理性相和解的社会伦理正义。

在这个意义上,黑格尔国家哲学是对古典政治哲学的主张个体德行与公共善相一致的"伦理正义"意蕴的继承。同时,黑格尔对市民社会与国家这一现代性政治二元结构的揭示,深刻洞见了现代性"法权正义"的限度,开启了以"伦理正义"的现代国家形态超越"法权正义"的思想进路。

三、政治经济学批判对"伦理正义"的重构

毋庸置疑,对于现代性政治及其正义观念的反思和批判,马克思承接了黑格尔市民社会批判的思想框架。然而,在如何解决市民社会与国家的二元结构及其引发的现代性政治问题上,马克思给出了自己的方案。不同于黑格尔以国家的伦理建构化解市民社会的政治共同性危机,马克思把关注的理论重心由国家转向市民社会,凭借对市民社会的科学即政治经济学的考察,谋求超越现代性"法权正义"的现实路径。

众所周知,在《论犹太人问题》中,马克思通过对市民社会的"人权"问题的剖析,已经洞察到政治现代性及其法权的正义主张的限度,并在此基础上把对资产阶级正义的批判落脚到对市民社会的政治经济学批判。正如马克思在《政治经济学批判》序言、导言中对自己思想历程的回忆所指出的:"法的关系正像国家的形式一样,既不能从它们本身来理解,也不能从所谓人类精神的一般发展来理解,相反,它们根源于物质的生活关系,这种物质的生活关系的总和,黑格尔按照18世纪的英国人和法国人的先例,概括为'市民社会',而对市民社会的解剖应该到政治经济学中去寻求。"①然而,必须承认的是,马克思政治经济学批判本身也经历了一个发展历程,青年马克思尚未形成对于资本主义生产方式的总体批判。只有到了以《资本论》为代表的政治经济学批判成熟时期,马克思以资本批判和劳动解放为轴向的现代性正义批判架构才真正确立起来。

在马克思看来,资产阶级"法权正义"具有隐匿性,正是因为资产阶级的正义主张如平等、自由等价值理念与资本主义的经济生产具有同构性。在《政治经济学批判大纲》中,马克思指出:"如果说经济形式,交换,在所有方面确立了主体之间的平等,那么内容,即促使人们去进行交换的个人和物质材料,则确立了自由。可见,平等和自由不仅在以交换价值为基础的交换中受到尊重,而且交换价值的交换是一切平等和自由的生产的、现实的基础。作为纯粹观念,平等和自由仅仅是交换价值的交换的一种理想化的表现,作为在法律的、政治的、社会的关系上发展了的东西,平等和自由不过是另一次方上的这种东西而已。而这种情况已为历史所证实。"②因此,如果说资产阶级的"法权正义"立足于资本主义的商品经济形式的基础之上,那么马克思的现代性"法权正义"批判,则是以批判资本主义生产方式出场。

在资本逻辑及其所主导的生产方式这一现代社会现实总体中,资本主义生产关系的生产与资产阶

---

① 马克思、恩格斯:《马克思恩格斯文集·第2卷》,北京:人民出版社,2009年,第591页。
② 马克思、恩格斯:《马克思恩格斯全集·第30卷》,北京:人民出版社,1995年,第199页。

级意识形态的再生产是内在一致的。马克思政治经济学批判不仅科学剖析了资本主义生产方式的运行机制，而且洞察了资产阶级"法权正义"的现实基础。所以政治经济学批判蕴含着作为资产阶级法权观念的正义批判，同时政治经济学批判也蕴含着一种新型的正义逻辑建构，这种正义逻辑具有双重特质：一方面它以资本主义生产方式的批判出场，另一方面以对个体与共同体关系的现代重构为旨趣。

首先，马克思政治经济学批判语境下所理解的正义，既不是古典政治经济学视域下对理性"经济人"及其利益的公平对待，也不是德国古典哲学思辨哲学视域下的理性"观念人"及其精神自由。而是在对资本主义的总体批判中寻求人的现实自由与解放。因为马克思对于资本主义的把握既不是纯粹事实性视角，也不是抽象的思辨性视角，而总是把资本主义看作物质生产与价值生产的统一体。

资本逻辑并非如古典政治经济学视域中的纯粹事实逻辑，而是事实与价值相统一的逻辑。"交换价值，或者更确切地说，货币制度，事实上是平等和自由的制度，而在这个制度更进一步的发展中对平等和自由起干扰作用的，是这个制度所固有的干扰，这正好是平等和自由的实现，这种平等和自由证明本身就是不平等和不自由。认为交换价值不会发展成为资本，或者说，生产交换价值的劳动不会发展成为雇佣劳动，这是一种虔诚而愚蠢的愿望。"①可见，仅仅从事实或价值一个方面不可能真正突破资本逻辑的自洽性，资本批判只能依靠辩证法的总体性思维方式，穿透资本逻辑事实与价值的抽象一致性，把握其内在的紧张关系，即资本对劳动的隐匿权力统治，从而揭露资本主义政治价值观念的伪善性和自我否定性，揭示资本逻辑的经济体系及其基础上的价值体系必然崩溃的命运。

所以对于马克思而言，资本主义的非正义性，并不在于商品交换过程中是否遵循的平等原则，也不在于雇佣劳动关系是否遵循了自由原则，更不在于资本主义生产方式是否剥削了工人的剩余价值。马克思所关注的正义问题是：资本主义的生产方式如何扭曲了人类真实的社会关系，资本以及由资本所主宰的社会关系如何完成对人性（劳动）的压制，阻碍人的自由和全面发展，如何切断了人通过自由劳动以形成自由交往的真实共同体的可能。"只有在共同体中，个人才能获得全面发展其才能的手段，也就是说，只有在共同体中才可能有个人自由。"②然而，"各个人在资产阶级的统治下被设想得要比先前更自由些，因为他们的生活条件对他们来说是偶然的；事实上，他们当然更不自由，因为他们更加屈从于物的力量。"③

因此，马克思所理解的正义不是停留于市民社会原子化个人意义上的抽象法权观念，而是直面市民社会本身的内在矛盾并在此基础上超越这一矛盾的社会现实。瓦解资本逻辑与个人交往之间的抽象一致性，把劳动从资本这一"物的力量"的奴役中解放出来，实现人在自由劳动的过程中重新占有自身固有的社会性存在样态，个人向共同体的社会伦理复归，这才是马克思正义观的真实"问题域"。

其次，资本批判既是马克思批判现代性正义观念的靶子，也是马克思重塑现代性正义观念的中介。资本主义的生产方式以前所未有的速度和广度加强了人与人的社会联系，人类也似乎以前所未有的方式被资本维系于一种商业共同体的社会形态中。"在产生出个人同自己和同别人的普遍异化的同时，也产生出个人关系和个人能力的普遍性和全面性。"④但是，这种普遍性和全面性的实质是"以物的依赖性为基础的人的独立性"⑤。资本主义社会一方面打破了前现代社会人与人的依附性关系，解除了套在人身上的有形枷锁——"神圣形象的自我异化"；另一方面其代价是使人重新被无形的枷锁——"非神圣形象的自我异化"所束缚，资本的力量看似弥合了个体与共同体的分裂，实则将这种分离变成了无法调和的抽象状态。

---

① 马克思、恩格斯：《马克思恩格斯全集：第30卷》，北京：人民出版社，1995年，第204页。
② 马克思、恩格斯：《马克思恩格斯选集：第1卷》，北京：人民出版社，1995年，第119页。
③ 马克思、恩格斯：《马克思恩格斯选集：第1卷》，北京：人民出版社，1995年，第120页。
④ 马克思、恩格斯：《马克思恩格斯全集：第30卷》，北京：人民出版社，1995年，第112页。
⑤ 马克思、恩格斯：《马克思恩格斯全集：第30卷》，北京：人民出版社，1995年，第107页。

进而，实现个体与共同体的现代和解，必须把人从"非神圣形象的自我异化"即资本逻辑及其所构筑的现代政治、国家、法的关系中解放出来。在这个意义上，马克思以资本批判的方式实现对现代性正义观念的批判，也是对现代社会正义形态的重构。这种重构把个人劳动从资本主义的生产方式中解放出来，实现人类从以商品形式主导劳动生产的"必然王国"转向以"劳动不再是谋生的手段，而是生活的第一需要"为特征的"自由王国"。

在"自由王国"中，个人在自由劳动过程中不仅基于需要生产物质生活资料，而且还生产出新的社会交往关系和社会结构。在这里，现代性正义观念以新的形态被整合，这就是人类的社会存在的伦理共同性在自由劳动中的复归。共产主义作为自由人联合体的新型共同体，共同生活是人的社会交往的内在需要。异质性个体之间的共同性交往不再以资本的形式同一性为中介，而以在自由劳动过程中生成并完整复归的社会性为纽带。"只有当现实的个人把抽象的公民复归于自身，并且作为个人，在自己的经验生活、自己的个体劳动、自己的个体关系中间，成为类存在物的时候，只有当人认识到自己'固有的力量'是社会力量，并把这种力量组织起来因而不再把社会力量以政治力量的形式同自身分离的时候，只有到了那个时候，人的解放才能完成。"[①]

总之，马克思政治经济学批判通过对资本主义生产方式的科学考察，深入揭示了资本与劳动之间的辩证关系，完成了资本批判和劳动解放的双重任务。一方面，政治经济学批判的资本批判理论剖析了资产阶级"法权正义"与资本主义生产关系的深层耦合关系及其固有矛盾，透析了"法权正义"所表征的现代人交往关系的异化与疏离。另一方面，政治经济学批判的劳动解放理论回答了如何推动人类劳动由雇佣劳动向自由劳动的复归，并以自由劳动为基础超越"法权正义"的限度，重建个体与共同体的社会伦理关系。在这双重意义上，马克思政治经济学批判所完成的资本批判和劳动解放，在现代性语境下重构了古典政治哲学正义观的社会伦理内涵，马克思既是西方伦理政治精神的继承者，更是这一精神的现代重构者。

结语

马克思对正义的理解不仅承接于黑格尔对"法权正义"二元结构的哲学批判，而且可以追溯到古典政治哲学对于正义的社会伦理内涵的发现。超越"法权正义"关于平等优先还是自由优先的抽象争执，主张在个人向社会的全面复归中，重构正义的社会现实基础和制度保障，这构成马克思在政治经济学批判语境下理解正义所贯彻的隐秘逻辑。挖掘和梳理"伦理正义"这一隐秘逻辑，可以拓展马克思正义观当代阐释的理论视角，有助于真实澄明马克思正义观思想意蕴，充分彰显马克思正义观当代价值。

[①] 马克思、恩格斯：《马克思恩格斯全集：第3卷》，北京：人民出版社，2002年，第189页。

理性之爱与感性之爱的分野

——亚里士多德与马克思友爱观的比照分析

陈绪新 罗紫薇[*]

(江南大学 马克思主义学院,江苏 无锡 214122)

> **摘 要**:亚里士多德与马克思的友爱观具有同质性与异质性。在实践活动中实现爱自己与爱他人相结合,强调友爱是社会的润滑剂,这是同质性之所在。亚里士多德与马克思的友爱观的异质性彰显:亚里士多德强调在理性指导下践行德性的友爱,以此来维持城邦的秩序;马克思则将爱还原到现实个体的感性身体上,并坚持在感性的对象性活动中,促进个人价值与社会价值的相统一,并强调"自由人的联合体"是友爱之合目的性所在。马克思友爱观与亚里士多德以及包括休谟在内的其他西方思想家的友爱观的最本质区别就在于将友爱观的研究对象从精神世界中的抽象的"理"转换为生活世界中的现实的"人",突出友爱观的可解释性、社会实践性和"类存在"本质。
>
> **关键词**:友爱观;理性;感性活动;类存在

"亚里士多德的伦理学总体上是基于对于人的活动的特殊性质的说明的目的论伦理学,亚里士多德的目的论向来有两种说明:幸福论和德性论。"[①]幸福是最高善,人因其自身不完善,所以就需要外在善作为补充,而在所有的外在善中,朋友就是最大的善。幸福最终在于我们同朋友一道持续地进行合德性的活动。亚里士多德在其著作《尼各马可伦理学》中指出"友爱是一种德性或包含一种德性"[②]。在《1844年经济学哲学手稿》时期,马克思深受费尔巴哈思想的影响,指出"从费尔巴哈起才开始了实证的人道主义的和自然主义的批判"[③],逐步开始将目光转向了研究现实的人及其感性身体的存在。马克思"把人们滞留于心理上的爱的道德情感还原到每一个现实个体的感性身体上,变成身体对身体的自觉守护,即感性意识"[④]。其在感性的对象性活动中分析如何实现守护自己身体与守护他人身体的统一。此时,马克思初步完成了对友爱思想的可解释性阐述,为进一步探讨友爱共同体的可生成性奠定了基础。通过对亚里士多德与马克思的友爱观比较,分析二者友爱思想的异同,并揭示马克思的友爱思想对亚里士多德友爱思想的继承性和发展性以及友爱的现实意义。

一、同质性之所在:在实践活动中实现自爱与爱他的相统一

马克思与亚里士多德的友爱观在友爱的特征上具有相似性,都强调在实践活动中实现爱自己与爱他人相统一,强调友爱是社会的润滑剂。友爱特征上的相似,使得两者在价值取向上都强调和重视友爱

---

[*] 作者简介:陈绪新(1970—),男,安徽六安人,江南大学马克思主义学院教授,哲学博士,研究方向:东西方文化传统及其伦理精神比照研究;
  罗紫薇(1998—),女,重庆长寿人,江南大学马克思主义学院硕士研究生,主要研究方向:思想政治教育。
基金项目:国家社科基金重点项目"习近平总书记关于治国理政的伦理精神研究"(17AKS006)。
① 亚里士多德:《尼各马可伦理学》,廖申白译,北京:商务印书馆,2003年,译注者序。
② 亚里士多德:《尼各马可伦理学》,廖申白译,北京:商务印书馆,2003年,第248页。
③ 马克思:《1844年经济学哲学手稿》,北京:人民出版社,2018年,第4页。
④ 方德志:《"爱"的实践历程:马克思道德情感思想的存在论视角解》,《浙江学刊》2021年第1期。

之情以及做出合于这种情感的行为。

1. "自爱"与"爱他"的相统一

亚里士多德主张对朋友的感情是从对自身的感情中衍生出来的,强调友爱源于自爱。一个人首先是自身的朋友,其次通过追求理性的自爱而与他人建立基于正义的友爱关系。他将自爱区分为两种形式:一种是自贬意义上的自爱,这种自爱是对感情或者灵魂的非理性部分的爱,追求金钱、荣誉、肉体上的快乐等显得是善的事物。另一种是他所肯定的自爱,这种自爱是对灵魂的有理性部分的爱,追求的是公正、节制或者任何合乎德性等真正是善或者高尚的事物①。前一种自爱是应该受到批评和否定的,后一种按照理性而生活,是高尚的,是真正意义上的自爱。"坏人由于没有可爱之处,甚至对自身都不友善……我们就应当努力戒除邪恶,并使自己行为公道。这样我们才能对我们自身友好,也才能与其他人做朋友。"②基于理性的自爱与基于正义的他爱是相互联系的。在马克思的视野中,人不是苍白的抽象概念而是现实的、活生生的、特殊的个人。"人的本质不是单个人所固有的抽象物,在其现实性上,它是一切社会关系的总和。"③马克思指出人同时是自然存在物和社会存在物,一方面,人作为自然存在物必须首先满足自己的生理需要,现实的人的肉体组织决定人在物质资料满足的基础之上,才能从事社会的政治、文化生活。另一方面,人的本质在其现实性上是一切社会关系的总和,无论是谁都无法脱离社会而生活。因此爱他与自爱是不能分割的,人既是满足自己肉体之存在的自然存在物,也是依赖于社会而生活并对社会起作用的社会存在物。正如马克思所说:"人对自身的关系只有通过他对他人的关系,才成为对他来说是对象性的、现实的关系。"④现实的个人是在现实的社会关系中从事实践活动的人,个人不能离开社会而生活。概而论之,亚里士多德与马克思阐发友爱的出发点虽不同,但均含"自爱"与"爱他"两个侧面。

2. "心"动与"行"动的相结合

每个生命物都有它特有的活动。植物的共同的活动是营养和发育,动物的活动是以各自种属的属性来感觉和运动。人的活动不在于他的植物性的活动(营养、成长等),也不在于他的动物性的活动(感觉等),人的活动乃在于他的灵魂的和逻各斯的活动与实践。这个属人的特别活动,被亚里士多德称为实践的生命的活动。"共同生活,相互提供快乐与服务的人们是在做朋友,睡着的人和彼此分离的人则不是实际地做朋友。"⑤长期的分离与不交谈会影响友爱关系的建立,因此友爱不仅是一种品质,更在于一种实践活动,朋友之间的友爱之情不仅需要心怀友爱之情,也应该表现于外,体现在具体的行为实践之中,并为对方所感知。单纯的爱之情或者相互的善意并不是友爱的完整表达而只是友爱的萌芽。因此,亚里士多德的友爱观,不仅在于内心的情感体验,更在于一种外在行动,只有善的品质与爱的行为相结合才能建立友好的人际关系。人是有限的生命存在物,需要与他人相联系来满足自己的生存所需,人与人联系的必然性是友爱关系建立的必要性,而友爱不限于只是认识到必然性,而在于在实践中去践行,在实践中去维护友爱关系。实践是马克思首要的和基本的观点,"从前的一切唯物主义(包括费尔巴哈的唯物主义)的主要缺点是:对对象、现实、感性,只是从客体或者直观的形式去理解,而不是把它们当作感性的人的活动,当作实践去理解,不是从主体方面去理解"⑥。友爱关系的建立不是纯粹内省式的心理修养过程,而是一个实践过程,马克思爱的情感不止于心,而要显于行,并最终获得它的成果,即实现每一个人的感性解放。"共产主义对我们来说不是应当确立的状况,不是现实应当与之相适应的理

---

① 亚里士多德:《尼各马可伦理学》,廖申白译,北京:商务印书馆,2003年,第299-302页。
② 亚里士多德:《尼各马可伦理学》,廖申白译,北京:商务印书馆,2003年,第293页。
③ 《马克思恩格斯选集》第一卷,北京:人民出版社,2012年,第139页。
④ 《马克思恩格斯选集》第一卷,北京:人民出版社,2012年,第59页。
⑤ 亚里士多德:《尼各马可伦理学》,廖申白译,北京:商务印书馆,2003年,第259页。
⑥ 《马克思恩格斯选集》第一卷,北京:人民出版社,2012年,第133页。

想。我们所称为共产主义的是那种消灭现存状况的现实的运动。"①共产主义不是只讲道德上的"应当",而是"做"道德的现实活动。亚里士多德与马克思的友爱思想都强调友爱不是仅限于内心的反省活动,而在于践行,在实践活动中维持友爱关系。

二、异质性之分野:理智沉思的理性之爱与对象性活动的感性之爱

特征上的相似并没有带来亚里士多德与马克思的友爱观在性质和实现路径上的趋同。亚里士多德的友爱是理性之爱②,强调友爱之情对理性的遵从,在理性的指导下践行基于德性基础上的友爱;而马克思的友爱是一种感性之爱,强调友爱之情源自守护人的肉体生命之存在,并在感性的对象性活动中实现守护自己身体与他人身体的统一。

1. 亚里士多德主张理智沉思是理性之爱的根本

亚里士多德认为理性或理性活动就是人所独具的功能,人与其他动物相区别的功能就是人独具理性。首先,在亚里士多德的思想中,理性不仅是起点而且是整个伦理思想的核心。在道德德性中,情感或者实践需要以理性为标尺,在理性的规定和影响下规避过度和不及,理性的运用即在于对抽象事物或者事物本性进行理智的沉思,也在于对实践中具体事物进行明智的判断和选择。"幸福与沉思同在,越能够沉思的存在就越是幸福,不是偶性,而是因为沉思本身的性质。因为,沉思本身就是荣耀。所以,幸福就在于某种沉思。"③友爱在于遵循理性的指导,在理性的指导下追求一种适度,通过友爱关系的建立维护的是城邦的团结和稳定。亚里士多德否定"爱",强调的是在理性规范与指导下的友爱,其认为爱是一种源于欲望的冲动,而友爱是节制。自爱分为贬义上的自爱和理性指导下的自爱,贬义上的自爱使人追求金钱、荣誉、肉体上的快乐等显得是善的事物,因此和谐社会的实现须使自爱明确地同美德与正义,同道德理性与政治理性相联系。其次,伦理学以追求善为目的。然而对于善的根据和来源,它诉诸事物的功能。对于事物而言,功能的完善或卓越实现便是善的达成。善即功能的完美实现。至于人,亚里士多德认为理性或理性活动就是人所独具的功能。人是有理性的存在物。对此,他将人的灵魂分为理性部分和非理性部分,其中非理性部分包括欲望部分和为所有生物都共有的营养部分,而欲望部分虽然是非理性的,但却在某种意义上会遵从理性的引导而具有理性。理性部分则是有理性的部分,它包括理论理性和实践理性部分。在他看来,既然人的功能是理性,那么对于人而言,善或者说德性就在于自觉地运用理性,使理性功能得到卓越的发挥或者实现;在亚里士多德根据理性的两种类型而区分出的两类德性中,理性都是必不可少的。在道德德性中,情感或者实践需要以理性为标尺,在理性的规定和引导下避开过度与不及而选择适度的中间状态。在理智德性中,理性的运用既在于对抽象事物或者事物本性进行理智的沉思,也在于对实践中的具体事物进行明智的判断和选择。在各种德性中,他最为推崇的是出于理智沉思的智慧,在各种活动之中,亚里士多德最为推崇的就是出于理智沉思的活动。最后,每一个共同体中,都有某种公正,也有某种友爱,友爱共同体的建立是为了维护城邦的秩序。"所用的共同体都是政治共同体的组成部分……政治共同体所关心的不是当前的利益,而是生活的整体利益。"④君主制可以维持城邦的善,因为一个人只有占有远远优越于其他人的充分财富,才是君子,而如果这样一个人别无所求,他就不会去为自己,而是为民谋好处,此处的君主是一种抽象的君主和神格化的君主。因此,友爱关系的建立不仅在于人与人之间对于理性的遵从和对善的追求,也在于君主的领导和统治,以此维护城邦的团结。

---

① 马克思、恩格斯:《共产党宣言》,人民出版社,2014年,第51页。
② 揭芳:《人道之谊与理性之爱的分野——儒家友爱论与亚里士多德友爱观之比较研究》,《河南社会科学》2014年第6期。
③ 亚里士多德:《尼各马可伦理学》,廖申白译,北京:商务印书馆,2003年,第339-340页。
④ 亚里士多德:《尼各马可伦理学》,廖申白译,北京:商务印书馆,2003年,第268-269页。

2. 马克思强调人的对象性活动和"类存在"本质是感性之爱的关键

亚里士多德强调在理性的指导下践行德性基础上的友爱关系,以此维护城邦的团结和稳定。在亚里士多德之后,友爱问题经历了被忽略、批评乃至扭曲的命运,但是在近代现象学运动中,却得到了关注和讨论。"海德格尔、伽达默尔、德里达三位现象学家在反对意识主体性形而上学以及相应的伦理政治生活之形式主义、规则主义乃至虚无主义的过程中,很大程度上通过对亚里士多德友爱哲学及其一般实践哲学的化用、重构、批判或革新,将友爱逐渐重新引入哲学事业,甚至推向哲学思考的中心地带。"[1] 亚里士多德与注重神人关系的中世纪哲学相比,其强调人类关系的友爱问题;海德格尔、伽达默尔、德里达三位现象学家将友爱重新引入哲学视野,以现象学的实践哲学推进友爱关系的建立。马克思的友爱思想既受到亚里士多德思想的影响,强调人的现实关系,也深受费尔巴哈思想的影响。费尔巴哈用感性的(空间性)思维方式解构了黑格尔的时间(线性)思维方式,从物到人,强调人的感性存在,让哲学的价值指向重新回归到现实的人身上,强调人的感性存在,用感性思维方式揭示事物之间的对象性关系。但马克思的思想并不简单停留于以往哲学家的研究,而是在继承的基础上,进一步深化着对友爱问题的认识。友爱是人类关系问题,此种关系是感性的对象性的关系;友爱需要践行,此种践行是在感性的对象性的活动中体现人的类本质,满足人的类存在。

马克思的友爱思想从人的感性身体的存在出发,并从人的感性的对象性活动、人与人的交往入手,探讨友爱共同体的建立。"马克思把以往人们在心理学上理解的'爱'的道德情感还原为个体感性身体的感觉意识,即'感性意识'。马克思这里的'感性意识'在逻辑角色上就相当于我们心理学上所讲的爱的'道德情感',它是对身体的一种意识自觉或情感守护,但它实际上又不是指心理学上的道德情感(而是身体学上的感性存在),它只是相当于那个逻辑角色。因为,马克思这里已经实现了心理性的感性意识与身体性的感性意识之间的逻辑同一。"[2] 友爱从爱自己身体出发,推己及人地去爱他人的身体。友爱以自身身体为价值指向,并带有利他性。马克思的目光转向现实的人的现实的需要,这种友爱关系的建立,从爱身体出发,在感性的对象性活动中,满足自己和他人的需要。"共产主义……因而是通过人并且为了人而对人的本质的真正占有;因此,它是人向自身,也就是向社会的即合乎人性的人的复归,这种复归是完全的复归,是自觉实现并在以往发展的全部财富的范围内实现的复归。这种共产主义,作为完成了的自然主义,等于人道主义,而作为完成了的人道主义,等于自然主义,它是人和自然界之间、人和人之间的矛盾的真正解决,是存在和本质、对象化和自我确证、自由和必然、个体和类之间的斗争的真正解决。"[3] 共产主义社会一方面体现人的"类"存在特征,另一方面体现出人的生物性特征,人的生物性特征与社会性特征是密切联系在一起的。在共产主义社会,人重新成为自己的主人,摆脱各种异化力量的控制,在掌握了社会发展必然性的基础上,成为一个自由自觉的人,"每个人的自由发展是一切人的自由发展的条件"[4]。将爱还原到人的感性身体的存在之上,完成了对友爱关系的初步阐释,为进一步探讨友爱的可生成性奠定了基础,友爱关系的进一步建立,则需要用"历时性"思维方式,思考友爱关系的建立,即将友爱放置在社会历史领域之中,在不断变化、发展着的感性的对象性的实践活动中,逐步形成友爱共同体。

三、马克思对亚里士多德友爱思想的继承与超越

马克思友爱观与亚里士多德以及包括休谟在内的其他西方思想家的友爱观的最本质区别就在于其将友爱观的研究对象从精神世界中的抽象的"理"转换为生活世界中的现实的"人",突出友爱观的可解

---

[1] 陈治国:《现象学视域下友爱的多重地位及其演变——兼论亚里士多德友爱哲学的现象学效应》,《学术月刊》2020年第6期。
[2] 方德志:《"爱"的实践历程:马克思道德情感思想的存在论视角解》,《浙江学刊》2021年第1期。
[3] 《马克思恩格斯文集》第一卷,北京:人民出版社,2009年,第185页。
[4] 《马克思恩格斯选集》第一卷,北京:人民出版社,2012年,第422页。

释性、社会实践性和"类存在"本质。

1. 德性的友爱是快乐与用处的有机结合

亚里士多德指出，并不是所有的事物都为人们所爱，只有可爱的事物即善的、令人愉悦的和有用的事物，才为人们所爱。相应于三种可爱的事物，就有三种友爱。基于有用而互爱的人不是因对方自身之故，而是因为能从对方得到好处而爱的。基于快乐的原因的友爱也是这样。这两种友爱具有偶性，一旦友爱双方不再有用，不再带来快乐，友爱的原因就会消逝，友爱本身就会解体。完善的友爱是好人和在德性上相似的人之间的友爱。因为他们相互间都因对方自身之故而希望他好，而自身也都是好人，爱朋友是因其自身，而不是偶性。只有因善而爱的友爱，才具有持久性，德性具有持久的品质，因德性上的相似性而爱，必然也具有持久性[①]。亚里士多德肯定因善而爱的友爱，并指出"德性的友爱既包含快乐又包含用处"[②]。善意是友爱的起点。亚里士多德的伦理学以追求善为目的。"善意在通常的意义上只是产生于人的心智的希望另一个人好的意向，是因为它是一个选择的目的。"[③]善意可以是单方面的，但并不构成友爱，而这只是存在于希望对方好的利他行为中；即便是双方互有善意也并不能构成友爱，只有将这种善意运用到实践交往中，才能够使双方互有善意，而且能够互知善意，只有这样才能使双方相互享有属于友爱的善、感情和快乐。没有善意两个人就不会成为朋友，但有了善意也不一定因此就成为朋友，善意是尚未发展的友爱，如果继续下去并形成共同的道德，善意便成为真正的友爱。基于善意基础上而建立的友爱关系既获得用处也获得快乐，因其自身之故的友爱关系，具有德性上的相似性，在友爱关系中可以维持双方的德性。

马克思并不单独强调有用的友爱，也并不否认有用的友爱，而强调基于"善意"的基础上，实现有用的友爱和愉悦的友爱的有机统一。友爱关系的建立基于相互间联系的必然性，相互间联系的必然性可以理解为此种善意，此种善意不是单纯内心的反省，而是认识到人是类存在物，实现三种友爱的统一需要在不断发展着的对象性活动中，推进交往的密切化、常态化、友好化，用交往打破封闭，用交流打破隔阂，从而不断推进世界历史的形成、人类命运共同体的实现。马克思指出人既是自然存在物，也是社会存在物，人不能脱离他人的存在，人应该与他人联系才能够维持个人之生存，实现人的自由全面的发展。在现实社会中，人与人通过交往活动而互证对方的存在：你通过使用我生产的物品，满足你生存的需要，也感受到我的存在；当我发现我的物品被你使用，我也能感受到我的本质力量被你证实，感受到我的本质力量。因此，马克思指出，在共产主义社会，"劳动不仅仅是谋生的工具，而且本身成了生活的第一需要"[④]。我们需要通过劳动这一方式来体现人的本质力量，既需要通过劳动来满足他人的需要，也需要通过劳动体现自己的存在。因此，基于相互间联系必然性的友爱，能够将有用与愉快有机地统一起来。

人是社会的人，人与人交往基于善意，而不是基于经济利益的算计。马克思指出，资本主义社会在促进生产力快速发展的同时，带来一系列的问题，资本主义逐渐从生产力的解放者转变为生产力的阻碍者。通过对资产阶级社会种种异化的关系进行批判，揭示了资本主义社会中人与人之间缺乏善意的赤裸裸的利益交换关系，从而指出建构友爱共同体的重要性。马克思指出随着商品经济的发展，人们从追求物品的使用价值到追求商品的价值，到追求货币。在资本主义社会中存在许多问题，比如商品拜物教、货币拜物教、资本拜物教，使人与人的关系被物的关系所掩盖，关系逐渐冷漠化、金钱化、利益化，等等。人们不再基于善意去交流和交往，而是从考虑利益的角度出发去选择性地与他人发生联系。在私有制条件下，"当我生产一个物品的时候，我不是为了作为人的人而进行的生产。首先，我并没有把自己当作人，因为尽管我是为自己而生产的，但并非是为了作为人的我自己而生产的，而是为了我的私利即

[①] 亚里士多德：《尼各马可伦理学》，廖申白译，北京：商务印书馆，2003年，第252—256页。
[②] 亚里士多德：《尼各马可伦理学》，廖申白译，北京：商务印书馆，2003年，第263页。
[③] 亚里士多德：《尼各马可伦理学》，廖申白译，北京：商务印书馆，2003年，第294页。
[④] 《马克思恩格斯选集》第三卷，北京：人民出版社，2012年，第365页。

占有他人产品的愿望而进行生产的,因此,我实际上只是我的物品即财产的奴隶;其次,我也没有把他人当作人,因为,尽管从表面上看,我是为了你的需要而生产的,但这只是一种假象,我实际上是想占有你的产品"①。现实生活中,人与人之间的关系被物与物的关系所掩盖,人们从追求物品的使用价值,到追求商品的价值,到追求货币,快乐的获得逐渐变得金钱化。人的价值具有两重性,既具有个人价值,也具有社会价值。因此,人一方面需要实现自己的个人价值,即爱自己,爱自己的身体,维持生命的存在,这是满足人生存的第一个条件;另一方面也要友爱他人,实现自己的社会价值,爱他人的身体,满足他人的需要。爱自己与爱他人是两个不可分割的统一体,在实现个人的社会价值的同时,也实现了个人价值,人也只有足够爱自己才能够推己及人。

一言蔽之,马克思友爱思想是在善意即联系的必然性的基础上,将有用和快乐联系起来,马克思的友爱思想既来源于亚里士多德,也超越了亚里士多德。马克思更看重人与人之间以人本身为中介的社会交往关系,并通过这种关系,每个人都能享有和实现人的类本质。

2. 在生产力的发展的"对象性活动"中探寻友爱的实现路径

马克思视域下友爱社会的实现,不是从道德的约束、理性的遵从出发,去探寻友爱社会的建立,而是将社会发展的客体向度与主体向度统一起来,在生产力的高度发展中,实现人的自由而全面的发展,从而达到科学性与价值性的统一。马克思在《1844年经济学哲学手稿》时期,受费尔巴哈思想的影响,将目光转移到人的感性身体之上。将爱还原到每个人的感性身体的存在之上,初步完成了对友爱的可解释性阐释,"由于他在缺乏历史唯物主义方法论的前提下,不能正确理解现实历史过程中人与社会之间的辩证关系,因而只能从货币这种'物'相对立的'个人'的角度来理解社会本质的内涵"②。因此,需要进一步探讨友爱社会的可生成性。马克思坚持事物的发展是自我否定在推动其不断进步,外在力量起到一定的推动作用。因此,友爱社会的实现不是仅靠外在力量的约束和否定,更是社会自身发展的必然结果。

根据社会关系的历史发展和人的发展的内在联系,马克思把人的发展过程概括为三个历史阶段,即人的依赖性、人的独立性和人的自由个性三个阶段。马克思所要建立的友爱社会,人与人逐步成为密切联系的共同体的社会,不是向第一个历史阶段的倒退,不是"开历史的倒车",而是在物质生产力充分发展的基础上,实现人的全面发展。到了第三个阶段,人与人的关系将从物的关系的掩盖下释放出来,建成平等、互助、友爱、和谐的交往关系。马克思深入资本主义社会的经济现实,进一步分析指出社会存在的各种不合理现象的根源,在对资产阶级社会种种异化的关系进行分析后,揭示了资本主义社会存在的人与人之间缺乏情感的赤裸裸的交换关系,从而指出建构友爱共同体的重要性。马克思指出当前社会之所以会存在各种问题,比如人与人之间的关系冷漠化、金钱化、利益化等,其主要原因在于生产力的不充分发展,人的生存需要物质资料的满足,但社会财富不充分涌流,所以对于有限的物资,人与人之间就需要通过竞争的方式去获得,社会就不可避免地存在两极分化和不平等的现象。

资本主义社会以私有制为基础。在私有制条件下,人与人之间的关系处在"异化"的状态之中,最明显地体现在资本家与劳动者关系的异化中:劳动者在剩余劳动时间里创造出来的剩余价值被资本家无偿占有,资本家又将无偿占有的剩余价值资本化即资本积累,从而不断扩大生产规模,使资本有机构成提高,资本有机构成提高之后,购买劳动力的可变资本减少,相对过剩人口就会增加,最后导致社会的两极分化加剧。资本主义社会的基本矛盾为"社会生产和私人占有"③,但是其生产关系仍对当前的生产力具有容纳的空间,因此"无论哪一个社会形态,在它所能容纳的全部生产力发挥出来以前,是决不会灭

---

① 唐正东:《马克思〈穆勒评注〉的思想史地位》,《河北学刊》2010年第5期。
② 唐正东:《马克思〈穆勒评注〉的思想史地位》,《河北学刊》2010年第5期。
③ 《列宁全集》第五十四卷,北京:人民出版社,2017年,第252页。

亡的"①。改变资本主义社会中人与人关系的"异化",需要进一步推进生产力的发展,改变不合理的生产关系。另一方面,社会主义社会的生产方式虽然能够有效地克服生产的社会化和资本主义私人占有之间的矛盾,但其生产力水平与资本主义社会相比较还处在一个落后的阶段,"新的更高的生产关系,在它的物质存在条件在旧社会的胎胞里成熟以前,是决不会出现的"②。社会主义社会也需要不断提高社会的生产力水平,才能逐步实现共同富裕和实行按需分配。

3. 友爱是社会有机体自组织、自调节的共价键

从历史向度上看,现在的社会形态只是历史发展过程中的一个环节,任何事物都有其产生、存在和灭亡的过程,"世界不是既成事物的集合体,而是过程的集合体"③,每一个社会阶段都有其存在的必要,也有其暂时性的一面,"资产阶级在它的不到一百年的阶级统治中所创造的生产力,比过去一切时代创造的生产力还要多,还要大"④。但是,其存在的基本矛盾即生产社会化和生产资料私人占有的基本矛盾也必将推动其灭亡,生产关系终将不适合于生产力的发展;与此同时,社会的体制机制以及人们的认识能力和思维水平也在发展,也会逐渐完善各方面的制度体系,人们也逐渐从一个自在阶级成长为自为阶级。

社会作为人类个体之间交往关系的产物,是一个有机的系统。社会是由一定的内在联系构成的有序系统,而不是个人活动的无序总和,是一个既自我矛盾分化,又各自协调完整的自组织系统。马克思所说的社会有机体不是"自然的"或"永恒的"实体与秩序,而是生产实践的自我生产与矛盾发展着的历史过程。他首先从实践的观点出发把社会看作一个以物质生产活动为基本动力源泉的自我生成、自我组织的系统与过程,而不是某种一成不变的自然秩序或无意识结构。其次坚持从矛盾的观点出发来理解社会有机体的自我协调、自我冲突的功能特点,坚持社会有机体既在矛盾冲突中产生发展,又在协调统一中自我巩固的观点;坚持社会历史性优先于社会机体的结构性共时性的观点。社会交往关系的制度化、规范化,就是意识到了自己的交往活动的社会主体自觉地建立起交往活动的制度和规范,以指导、约束自己的交往活动,这是社会系统自组织、自调节过程的自觉性的集中体现。有机体是指因其各个部分之间具有内在联系而相互制约的整体,其最重要的功能就是自我组织、自我调节。社会不仅是一种有机系统,"还是一个能够变化并且经常处于变化过程中的有机体"⑤。马克思认为,资本主义由于不可克服的自我矛盾而必然要被一种更高级更先进的社会形态,即社会主义与共产主义所取代。

上层建筑受到经济基础的影响,但具有其相对独立性。统治阶级利用上层建筑的意识形态对人们进行控制和影响。统治阶级为了维护自己的统治,就用符合其愿望、目的以及能够维护其统治地位的意识形态,比如通过语言、文化、法律、新闻等途径,控制整个社会的"思想",使其按照其目的去运转,从而使商品、货币、资本稳居神圣不可侵犯的地位,使人与人的关系被物的关系所主导。资本主义社会处在"不合理的合理"⑥的状态之中,每个人都在这个社会体系里"正常"地运转,甚至能在这样的社会条件和体系之下获得较好的生存环境,所以即使有反抗的声音、不满的声音也会逐渐暗淡,甚至趋于消失。但上层建筑形成之后具有其相对的独立性和历史继承性,即获取上层建筑的领导权,宣传符合社会发展的核心价值观。现实的人所构成的现实的社会,作为一种真实的人的集合体,即命运共同体,其具有内在的不以人的意志为转移的自组织、自调节特质,以友爱为基础的共同体内部"共同的善"是共同体赖以生成、生存与发展的"共价键"。而社会主义作为能够克服资本主义内在矛盾的更为先进的社会形态,它具有更强的自我协调的特征与能力,友爱社会的实现不仅是社会主义建设的目标,也是其本质的应有之义。

---

① 《马克思恩格斯选集》第二卷,北京:人民出版社,2012年,第3页。
② 《马克思恩格斯选集》第二卷,北京:人民出版社,2012年,第3页。
③ 《马克思恩格斯全集》第二十八卷,北京:人民出版社,2018年,第352页。
④ 《马克思恩格斯选集》第一卷,北京:人民出版社,2012年,第405页。
⑤ 《马克思恩格斯全集》第四十三卷,北京:人民出版社,2016年,第20页。
⑥ 赫伯特·马尔库塞:《单向度的人》,刘继译,上海:上海译文出版社,2014年,第134页。

中国传统伦理的转化创新

儒家人伦之理的现代发展

徐 嘉*

（东南大学 人文学院，江苏 南京 210096）

摘　要：从20世纪初开始，经过几代学者的不懈探索，儒家伦理的现代转型出现了四种理论形态，即义理上的心性之学、制度伦理上的纲纪之道、社会生活中的人伦之理、精神信仰上的内在超越。尽管现代新儒学阐发的"良知的自我坎陷"精致而玄妙，但企图以此为根源而生发出科学与民主却是一种虚幻的构想，不能产生实际作用；而随着封建制度的解体，没有了宗法家族制度与政治体制等诸多制度的支撑，纲纪之道已失去了其赖以生存的根基，而儒家伦理想要依托现代社会制度发挥作用也面临种种困难；与此相比，儒家的人伦之理与现代伦理观念相结合，在社会中仍广泛地发挥作用，影响着民风、习俗与道德风尚。因此，在文化自信与文明自觉的背景下，儒家的"人伦之理"与"内在超越"经过重新诠释与建构性重塑，依然是中国人道德生活的价值源泉，这也是儒家伦理未来的发展方向。

关键词：儒家伦理；人伦之理；报恩；明分；虑后

　　一百多年来，儒家思想命运多舛，其不断退出社会生活各领域已是一个不可阻挡的趋势；同时，守望与重振儒学的努力却一直薪火相传、绵延不断。时至今日，在中国走向现代化的进程中，在文化自信、文明自觉的背景下，儒家思想的复兴又成为引人注目的话题。问题在于，儒学作为一个庞大而复杂的学说，在社会转型、制度变革、科学昌明的时代，其意义与价值何在？哪些内容还能够发挥积极作用？余英时曾言，儒学不只是一种单纯的哲学或宗教，而是一套全面安排人间秩序的思想体系，从个体的生命历程到家、国、天下的构成，都在儒学的范围内。在两千多年中，儒学落实于政治、经济、教育等种种制度，并深入百姓日常生活的每一个角落。① 也就是说，儒学或儒家伦理的直接作用，是以日用人伦的方式，规范与引导民众的道德生活。

　　"中体西用"（张之洞）、"孔教运动"（康有为）之后，随着封建体制的解体，儒学制度化的历史已然终结，"儒学和制度之间的联系中断了，制度化的儒学已死亡了。但从另一方面看，这当然也是儒学新生命的开始"②。儒学复兴的努力开始集中于非制度化的文化层面，如果说这是儒学新生命的开始，那么这个新生命的主体内容则是伦理层面的现代转型。在早期的努力中，从"心灵与理智完美和谐的中国人的精神"（辜鸿铭）、"静的文明"（杜亚泉）到"意欲持中的文化路向"（梁漱溟）等，都强调儒家伦理是不同于西方文明的价值类型，虽然也有一定的理据，但这种保守性的辩护对于儒学新生并无太多裨益。而严复

---

* 作者简介：徐嘉（1968—），上海嘉定人，东南大学人文学院教授、博士生导师，主要研究方向：中国哲学、中国伦理。
　　本文已发表于《南京师大学报（社会科学版）》2017年第6期，略有改动。
① 余英时：《现代儒学论》，上海：上海人民出版社，2010年，第185页。
② 余英时：《现代儒学论》，上海：上海人民出版社，2010年，第187页。

的"兴民德"、梁启超的"新民说"与后期现代新儒家的思考则融入了现代西方的价值理念,开始超越传统伦理的局限性。20世纪40年代,贺麟相继写出了《五伦观念的新检讨》(《战国策》,1940)、《儒家思想的新开展》(《思想与时代》,1941),从哲理上对儒家伦理做出了有价值的探索,其开创的哲学化的理性的态度,成为其后的现代新儒家的共同特征。相对于传统儒学的伦理形态,20世纪以来,儒家伦理从心性之学、纲纪之道、人伦之理与内在超越四个方面展开。这些交织着理性与情感的探索,大大深化了对儒学的认识,但是,理论与现实之间却有着巨大的鸿沟,儒家伦理的生命力在于知行合一,缺失了实践环节、与社会生活脱节的新理论,并不是真正意义上的进步,而经过几代学人的探索,儒家伦理的新发展的前景到底如何呢?

儒家伦理的一个重要发展方向是人伦之理的返本开新,这种进展出现极早,但发展缓慢,而到了今天,却成为儒家伦理最有可能出现进步并发挥其价值的方向。在历史上,儒家最大的功能,是其伦理观念对社会秩序的建立与守护,是在百姓日常生活中遵循的"人伦之理"。"人伦之理"与"心性之学"或"形上之道"相比,更具有强大的生命力,可以说,儒家伦理的发展在于日用,在于走向生活。今天,越来越多的学者认为,儒家伦理的现代价值与发展方向,乃是其社会人伦之理的现代转化。但是,因为儒家人伦之理本身的时代性与中国历史进程的复杂性交织在一起,如何古为今用,如何使儒家人伦之理获得新生,却少有精辟的见解。20世纪初以来,当西学以势不可挡之力席卷中华文明时,绵延两千多年的伦理传统轰然崩塌。一方面,西方文明的伦理观念一时无法为国人广泛接受;另一方面,知识阶层对包括伦理在内的传统文化进行了激烈的自我否定,加之内忧外患,政局动荡,中国的社会伦理价值体系几乎在无序的状态下经历了半个世纪之久。余英时先生称儒学的这种状态是"游魂"。对此困境,孤明先发者当属梁启超与贺麟,而在真正意义上对儒家人伦之理价值的肯定,是近十年来,在文化自信的大背景下,自然而然产生的一种结果。

1912年,民国初建,一切封建时代的制度、律法、伦理、风俗皆待更新,但是,梁启超认为,有一种"善美之精神,深入乎全国人之心中",既是昔日中国立国之基,亦是国家将来滋长发荣之具,这就是儒家倡导的伦理观念。虽然儒家伦理的基石是基于血缘的人伦规范,但是梁启超却以此为本,诠释出了旧伦理的新气象。梁氏指出,中国有三种观念由数千年之遗传熏染所成,是一切道德所从出,也是社会赖以维持不敝者:一曰"报恩",二曰"明分",三曰"虑后"。所谓"报恩",乃是儒家所言之血缘亲情之爱,子女报答父母养育之恩,及于兄弟之情,推于父母之父母兄弟,衍为宗族,而宗族者是中国社会一最有力之要素,而今依然为社会之干也。报恩义论若止于此,纯是旧伦理,梁氏之洞见,乃是推报恩于国家,"又念乎非有国家,则吾无所托以存活也,故报国之义重焉"。由父母养育之恩,至家族庇佑之恩,一跃而至国家保民之恩,而且此国家非一家一姓之"家国",而是近代意义上的民族国家,"国家与社会,深恩于无形者也。人若能以受恩必报之信条,常印篆于心目中,则一切道德上之义务,皆若有以鞭辟乎其后,而行之亦亲切有味"①。梁氏这一诠释相当精妙,使宗法家族伦理自然而然地推至社会、国家,使传统伦理衍生出具有现代意义的伦理观念。中国一切祀事皆以报恩德一义贯通其间,祖先、天地山川、社稷农蚕、先圣先师、贤臣名将、神医大匠,凡列于祀者,皆以其有德于民或为民捍难者也。恩我者多,故祀事日滋,并衍成礼俗、风尚。报恩德这种伦理的纽带连接了人与家庭、社会、国家,沟通了历史与现实,是维系社会和谐、人际融洽、家庭亲睦、国家团结的伟大力量。

所谓"明分",首倡于先秦大儒荀子之学,其以礼义定名分、等级而使人各安本分,这是封建社会遵循的伦理秩序。近世以来,以西方观念度量之,则有凸显阶级之分,与平等之义不相容,而在梁启超看来,平等是指法律之下无特权、明分之分,"分也位也,所以定民志而理天秩",一社会必依赖无数人分工共同协力,才能生存发展,具体而言,言政治者重分权,言学问者重分科,言生计者重分业,一言以蔽之,术业

---

① 梁启超:《中国道德之大原》,《饮冰室合集·文集之二十八》,北京:中华书局,1989年,第13页。

有专攻,各尽天职,"人人各审其分之所在,而各自尽其分内之职,斯社会之发荣滋长无有已时",否则,是"非分","势必尽荒其天职"。荀子的明分思想,既是等级之分,也包含着君、臣、士、农、工、商各有相应的行为规范,意在所有人各安其分,各尽其责,而在梁氏的改造下,摈弃了传统纲常明教的等级之分,而把其作为社会分工后的恪尽职守之则,经此诠释,梁氏曰:"吾国伦常之教,凡以定分,凡以正则也,而社会之组织,所以能强固致密搏之不散者,正赖此也。"①

所谓"虑后",于传统儒家伦理,传宗接代、子孙繁衍乃是虑后,积善之家,必有余庆,亦是虑后,而梁氏所言之虑后,取其抽象义,指对将来应当承担的道德义务,应尽的社会责任。中国人服膺此义,故常觉对于将来之社会,负莫大之义务,放弃此义务即有罪恶感,故以未来责任为天职。反观西方,"今日欧西社会受病最深者:一曰个人主义,二曰现在快乐主义"。不但纵情享乐,而且以家为累,对未来无丝毫责任。总之,此三项传统伦理观念维系着国性,具有重要的启蒙道德价值:

> 有报恩之义,故能使现在社会与过去社会相联属;有虑后之义,故能使现在社会与将来社会相联属;有明分之义,故能使现在社会至赜而不可乱,至动而不可恶也。……根此三义而衍之为伦常,蒸之为习尚,深入乎人心而莫之敢犯,国家所以与天地长久者,于是乎在。②

与梁启超的思路一致,贺麟以更加深刻的哲理思辨,诠释了儒家社会人伦之理的现代价值与发展方向。1940 年,贺麟发表了《五伦观念的新检讨》一文,认为儒家伦理已因时代的大变革在政治上失去了合理性,但是,其人伦之理却不能不加分辨地否定。贺麟认为,学者的使命不是简单、彻底地批判旧伦理,而是要从已倒塌的儒家礼教大厦里,寻找出我们社会人伦的"永恒的基石",在这基石上重新建立起新人生、新社会的伦理原则与行为规范。他说:"五伦的观念是几千年来支配了我们中国人的道德生活的最有力量的传统观念之一。它是我们礼教的核心,它是维系中华民族的群体的纲纪。我们要从检讨这旧的传统观念里,去发现最新的近代精神。"③而要从旧伦理中诠释出新精神,则应该从本质上考察五伦,这样批评才能有的放矢,修正与发展才有方向。那么,五伦的精神实质是什么呢?贺麟认为:(1) 五伦指向五种人与人的关系,在诸多价值中,注重的是道德价值;(2) 五伦又是五常,即将人伦视为常道,是人生正常而永久的关系;(3) 五伦践行的是等差之爱;(4) 五伦观念发展的最高最后的阶段是三纲说④。据此而言,五伦有其永恒的价值,也有其不符合时代的内容。我们看一下贺麟先生的具体分析:其一,与儒家重视道德价值相比,希腊精神注重人与自然的关系而产生了科学与艺术,希伯来精神注重人与神的关系而产生了宗教,各种价值都是人类社会不可或缺的,互相不可替代,各有优长,我们无须抛弃道德价值去追求科学价值与宗教价值,但要改变的是,不要忽视了宗教价值、科学价值,而只偏重狭义的道德价值。其二,五伦之所以在今天依然有其价值,是因为这种人与人的关系是不能逃避也是不应逃避的关系(当然,在现代国家中,君臣一伦已转化为政治责任),不能脱离家庭、社会、国家而生活,五伦所规定的道德信条是健全人格、稳定社会的健康思想。所要注意的是,五伦思想在封建社会中后期变得信条化、制度化,成为强制人的行为的礼制,损害了人的自由与独立,这是今天必须摈弃的。其三,儒家以血缘之爱为基础的仁爱思想,在近代以来备受指责,奉西方平等、博爱思想为圭臬的学者强烈地批判儒家等差之爱的狭隘。对此,贺麟先生认为,平等之兼爱(如父子兄弟之爱等同于路人之爱)是不近人情,专爱(以己为中心)不免自私,躐等之爱(即逾越等级、不按次序之爱,如不爱家人爱邻居、不爱邻居而爱路人)则流于狂诞,而最重要者,儒家五伦之说并不是不能普爱众人,而是要推己及人,依次推广开来,"老吾老以及人之老,幼吾幼以及人之幼"。当然,基督教的普爱之说如日光之普照,打破人我之别与亲

---

① 梁启超:《中国道德之大原》,《饮冰室合集·文集之二十八》,北京:中华书局,1989 年,第 19 页。
② 梁启超:《中国道德之大原》,《饮冰室合集·文集之二十八》,北京:中华书局,1989 年,第 20 页。
③ 贺麟:《五伦观念的新检讨》,《文化与人生》,北京:商务印书馆,2015 年,第 54 页。
④ 贺麟:《五伦观念的新检讨》,《文化与人生》,北京:商务印书馆,2015 年,第 55-63 页。

疏之分的宗教精神与儒家之爱不是水火难容的,儒家之爱的可贵之处在于,爱得近人情,爱得合理而平正。其四,新文化运动以来,三纲之说成为众矢之的,因为三纲将五伦的相对的、双向的义务关系发展为单向的绝对的义务,"由五伦到三纲,即是由自然的人世间的道德进展为神圣不可侵犯的有宗教意味的礼教"。由此造成了儒家伦理桎梏人心、束缚个性、扼杀自由的后果,也即"礼教杀人"。但是,正是在这里,贺麟展现了哲学家的深刻,他认为,三纲的内容已被时代所抛弃,但三纲的真义却在于履行人之单方面的绝对的义务,三纲所言之忠、孝、顺,不随环境而改变,不随他人外物而转移,是"行为所止的极限",是对信念的尽忠,"三纲"的本质如同柏拉图的"理念",康德的"绝对命令",都是伦理体系的核心价值,是绝对的、无条件履行的义务。一个社会,如果伦理原则、道德规范因时而变、因人而异、因条件而游移,这是不可接受的。因此,攻击三纲说的死躯壳已经没有很大意义,关键是如何积极地把握住三纲说的真义,加以新的解释与发挥,以建设新的行为规范和准则。西方哲学以理性的方式,论证了义务论原则,其恪尽职守、忠于道德理念的坚毅精神,莫不包含有竭尽单方面的爱和单方面的义务之忠忱在内。而中国社会还没有建立起这样积极的伦理精神。即使以今天我们的认识而言,七八十年前贺麟先生对儒家人伦之理的肯定固然带有感情,但是,更多地表现出理性与深刻。

从梁启超到贺麟,前贤已对儒家人伦之理的发展做出了可贵的探索,也揭示了人伦之理依然有其合理性和进一步发展的可能性。

首先,对待儒家日用人伦的态度,不论是梁启超对"报恩""明分""虑后"的现代诠释,还是贺麟对"五伦"的精神实质的阐释,都是基于儒家伦理的本来面貌进行的客观分析,是基于伦理传统的"返本开新",梁启超对儒家人伦之理的现代诠释意义非凡。其一,"报恩""明分""虑后"并非虚构,确实是中国传统伦理思想的重要组成部分,只不过它们并未处于最重要、最突出的地位,而且它们的本然形态并不完全符合现代价值观念。在一般人的心目中,"报恩"重在父母养育之恩、忠君报国之恩;"明分"重在安于本分,礼无僭越;"虑后"乃重在善有善报以及传递香火等。而梁启超则在这些本有的内容中引申出了具有现代价值的伦理内涵,使我们看到,传统与现代并不截然对立、互不相容。传统伦理中孕育着现代伦理的萌芽,在一定条件下是可以生长为伦理新苗的。以伟大传统作为源头活水所生发出的观念,既尊重了中国人的感情,也更能深入人心,具有比外铄观念无可比拟的生命力。如贺麟所言:"必定要旧中之新,有历史有渊源的新,才是真正的新。"

其次,梁启超以"报恩"为中国道德之大原,贺麟讲五伦的本质,都肯定了基于血缘之爱的儒家伦理依然具有合理性,肯定了儒家伦理积极面对生活,不离世、不避世、合乎人之常情的精神气质。20世纪前期,正是儒家思想受到全面否定与批判的时期,"吃人的礼教""打倒孔家店"成为一时潮流,确实,当儒家人伦之理为宗法家族制度的桎梏、封建等级制度所神圣化,成为僵化的信条时,束缚了人性与人心,使人成为家族的依附品。但是,返本溯源,这不是儒家人伦之理的本然状态,而是随着封建制度的发展而逐步形成的,当家国一体的"社会-政治"构架解体,实现了政治、法律意义上的人人平等之后,儒家的伦理观念仅仅作为日常生活中的伦理原则与道德规范,其所追求的是和谐美好的生活方式,不但是中国人伦理观念、道德生活的基因,而且具有现实意义。

"慎终追远,民德归厚",这是《论语》中的经典语录之一,本意为慎重地对待父母的死亡,周全地做好安葬的事,不要有后悔之事。追念祖先,"祭祀尽其敬"。① 做到这样,自然使得百姓忠厚、民风淳朴。那么,慎终追远与民德归厚是如何联系在一起的呢? 因为对祖先的缅怀,血缘纽带得以加强,而家族这一小共同体对于成员的伦理观念与道德行为有着强力的影响与制约。源于晋文公时期的清明节,到"慎终追远,民德归厚"语录的出现已逾百年,应是孔子、曾子对于历史经验的总结。清明祭祀,家人族人从四面八方回到故土,汇聚在先人墓前,体认共同的生命的源头,追思祖辈的养育之恩,超越功利的念头与回

---

① 杨伯峻:《论语译注》,北京:中华书局,2006年,第7页。

报的期望,年复一年,亲情在这里得以继续,家族这一天然的伦理实体在这样的活动中得以维持与加强。这一虽然没有法律意义上的权力,但却有一个相当强大的是非公道的舆论场域。在这个场域内,通过情理、礼法、风俗、良知的权衡,使得家族成员达成共识,进而形成了一种强有力的伦理氛围。对于其中的一员来说,伦理的约束、道德的自律很大程度上来自这里,而因失德而失去了家族的身份是不可想象的。所以,慎终追远强化着家族这一伦理实体,而家族强大的舆论机制是维护良俗的基础。今天,这种舆论场域在消弱,但远不是消失,每年清明的返乡的人群,足以说明这一风俗的意义。由自由主义而产生的个体主义或极端个人主义,造成的原子式的个体,其实是现代社会的一种弊病。儒家的血缘亲情,如果无过无不及,那么,足以成为现代社会优良风气与民俗的根基。

再次,儒家人伦之理并非狭隘而仅限于血缘之情,实际上,儒学经过千百年来的不断发展与诠释,其涉及了社会生活的方方面面,于家庭、于家族、于乡亲、于社会、于国家,皆有责任与义务。所谓"孝悌也者,其为仁之本欤",孝与悌,乃是仁爱的基础,基础之上,乃是推己及人,是老吾老以及人之老,幼吾幼以及人之幼,乃是"老者安之,少者怀之""亲亲、仁民、爱物",以至于"民吾同胞,物吾与也",凡民皆为同胞,万物皆是同类,仁爱之心遍及一切人与物,虽然"仁者爱人"之爱是由近及远、由亲及疏,但正如贺麟所言,这是平正的情感与人之常情。

最后,儒家人伦之理的天然缺陷,或者说,如何在新时代发展与完善儒家伦理的建构性重塑。其缺点是明显的,中国传统社会是一个二元社会,简单说,儒家人伦之理的一端在家,一端在国,对于士而言必须做的是修身、齐家,有条件时是治国平天下,对于民而言,谨守五伦中的四伦(无君臣一伦),因为绝大多数的人生活在"熟人社会",也就是说,中国传统社会因为没有一个公共领域,尽管理论上儒家伦理可以推至四海同胞、天下一家,但在实际生活中却没有公共生活领域而使得儒家伦理在这一领域异常薄弱。公共生活领域是传统儒家伦理所面对的家、国、天下以外的生活世界,它是我们今天生活有别于传统社会的主要特点。时至今日,当公共生活领域无限广阔,人际交往频繁,在公共领域的伦理失范、道德缺失已成为当下的"中国问题",这既与中国社会的快速发展有关,也与我们的伦理传统有关。如果说儒家人伦之理的未来发展,我认为,阐明之,使其能够应对这一难题,当是我们的努力方向。其实,在儒家的推己及人的过程中,亦有十分宝贵的伦理智慧。事实上,我们面对的生活无限复杂,不可能有一个包罗万象的道德规范体系来指导行为,但是,儒家的忠恕之道却是相当有益的一个行为原则,"己欲立而立人,己欲达而达人",人同此心,心同此理,设身处地站在他人的立场上审视自己的行为,能够随着情境变化而衍生出合理的道德行为。在理智正常的情况下,大家对应然的行为可以轻松达成共识。因此,这成为儒家人伦之理在公共生活领域可以依赖的"金规则",在这样的金规则下,在公共生活中,个人的权利与自由,当以不影响他人的权利与自由为界。应该说,充分挖掘儒家的资源,使其成为规范我们日常生活的源头活水,建立起符合现代道德生活的价值理念,应该成为儒家伦理焕发生命力的重要方向。

此外,贺麟先生所提出的问题直到今天依然具有挑战性。如果说君臣、父子、夫妻、兄弟、朋友是中国传统社会最重要的五种伦理关系,那么,今天的社会远非五伦可以概括,我们每天都会与素不相识的他人共处,我们对待自然的态度涉及人类未来的伦理责任,甚至我们如何与动物相处都有伦理问题,所以,我们能不能提出今天中国社会的新五伦或新六伦?从五伦到三纲,发展出了中国封建社会绝对的伦理要求,那么,有没有人应不顾一切经验中的偶然情况而加以绝对遵守奉行的道德律或无上命令?这个时代最重要的伦理精神是什么?我们今天又应该确立怎样的"绝对命令"?这是不是儒家伦理不可承受之重?

作为一种绵延两千多年的思想传统,儒家伦理几乎是中华民族的文化生命的象征,其近代的危机与危机下的自我救赎,交织着理性与情感。儒家伦理的发展方向,不在于心性之学的过度诠释与曲折思辨,若脱离了现实的道德生活,再精致的理论也是没有根基的空中楼阁。当然也不在于纲纪之道的复活,与封建意识形态密切关联的封建伦理,已经成为历史。儒家伦理的有价值的新发展以及未来的方向,在于人伦之理与内在超越理论的进一步的现代性诠释和建构性重塑。前者所体现的伦理内涵,经由数千年之遗传熏染而构成,已深入人心,依然是中国社会伦理道德的重要源泉。其中固然有局限,如血缘之爱过强、缺少公德的维度等,但可以完善补充之;后者揭示了儒家伦理超越世界的意义与价值,也说明了建构非宗教式信仰的意义。最为重要的是,这使儒家伦理的发展立足于中国社会的道德生活之上,这才是思想焕发新的生命力保证,才是伦理传统的真正延续。最后,我们重温1920年梁任公充满感情的寄语:"凡一国之能立于天地,必有其固有之特性,感之于地理,受之于历史,胎之于思想,播之于风俗。此等特性,有良者焉,有否者焉。良者务保存之,不徒保存之而已,而必采他人之可以补助我者,吸为己有而增殖之。否者务刮去之,不徒刮去之而已,而必求他人之可以匡救我者,勇猛自克而代易之。"[①]百年前的话,于今日儒家伦理的发展,依然是金玉良言。

---

① 梁启超:《论教育当定宗旨》,《饮冰室合集·文集之十》,北京:中华书局,1989年,第60页。

范仲淹"尊严师道"思想研究

魏福明

（东南大学 人文学院，江苏 南京 211189）

> **摘　要**：儒家具有尊师重教、崇尚"师道尊严"的传统。自魏晋隋唐以来，儒学面临佛、道思想的挑战。在此背景下，宋代的士大夫为复兴儒学进行了多方面的努力，其中"师道"复兴运动是重要路径。范仲淹是北宋庆历年间士大夫的杰出代表，他在继承传统"师道"思想的基础上，力图通过重塑教师的话语权和权威即"尊严师道"来实现儒学复兴和"回向三代"的理想。为此，他率先呼吁振兴"师道"，并结合时代精神，对"师道"的内涵进行了新的学理阐释，同时还主张通过"立师资"和"重师礼"的途径落实"尊严师道"的目标。研究范仲淹的"尊严师道"思想，对于全面认识其教育思想，对于把握儒学复兴的历史规律和宋学精神都具有重要意义。
>
> **关键词**：范仲淹；尊严师道；立师资；重师礼

作为杰出教育家的范仲淹，其兴学办教的思想和实践自古以来就广受论者关注并多有论及，但对其"尊严师道"[①]思想却关注较少，更鲜有系统论述，这是不公允的。事实上，范仲淹是北宋师道复兴运动的始祖，作为其教育思想有机组成部分的"尊严师道"思想，对于推动宋代文教事业的发展和儒学复兴都发挥了重要作用。笔者不揣浅陋，试图对范仲淹"尊严师道"思想在北宋儒学复兴运动中的地位和作用，以及他对"师道"内涵的重新诠释，落实"尊严师道"的具体途径等问题作出系统梳理，以就教于方家。

一、振兴"师道"

魏晋隋唐以来，在儒学面临佛、道思想挑战的形势下，唐代的韩愈提出"道统论"，其意在通过儒家思想传承谱系的建立，达到复兴儒学的目的。但在韩愈看来，思想的传承必须以"师"的存在为前提，因为"道之所存，师之所存也"[②]。故韩愈又提出"师道说"，试图通过振兴"师道"来传承"道统"。这无疑是合理的思路。宋儒承续韩愈的"道统论"，以"为往圣继绝学"为使命，自然也须树立教师的话语权和权威，把"师道"的振兴作为复兴儒学的前提，故"宋学最先姿态，是偏重在教育的一种师道运动。这一运动，应该远溯到唐代之韩愈"[③]。

　　1. 宋初的"师道不振"与范仲淹的重建"师道"

在谈及北宋的师道复兴运动时，论者通常认为胡瑗、孙复、石介开宋代尊师重教之风气。如黄百家在《宋元学案》中云："宋兴八十年，安定胡先生、泰山孙先生、徂徕石先生始以师道明正学，继而濂、洛兴矣。"[④]此视"宋初三先生"为北宋师道之始，濂、洛诸子兴之。黄百家还特以石介拜孙复为师并"躬执弟

基金项目：江苏省社会科学基金，江苏文脉工程资助项目《范仲淹传》（7513000060）阶段性成果。
①　《范文正公文集》卷十六《代胡侍郎奏乞余杭州学名额表》，《范仲淹全集》（上），南京：凤凰出版社，2004年，第351页。
②　（唐）韩愈著、马其昶校注、马茂元整理：《韩昌黎文集校注》卷一《师说》，上海：上海古籍出版社，2018年7月，第50页。
③　钱穆：《宋明理学概述》，北京：九州出版社，2010年版，第2页。
④　（清）黄宗羲原著、全祖望补修：《宋元学案》卷二《泰山学案》，北京：中华书局，1986年，第73页。

子礼,师事之""拜起必扶持"①为例,说明石介实开北宋尊师重道之风:

> 但以徂徕之学问而为其尊戴如此,即可以知先生矣。嗟乎,师道之难言也!视学问重,则其视师也必尊;视学问轻,则其视师也自忽。故庐陵之志先生墓曰:"鲁多学者,其尤贤而道者石介。自介而下,皆以弟子事之。孔给事道辅闻先生之风,就见之,介执杖履侍左右,先生坐则立,升降拜则扶之。及其往谢也,亦然。鲁人既素高此两人,由是始识师弟子之礼,莫不嗟叹之。"呜呼,观于徂徕事师之严,虽不见先生之书,不可以知先生之道之尊哉?②

黄百家认为尊师的本质实为尊崇师之"学问"和"先生之道",此论可谓精湛。他对石介践行尊师之礼的描述也很感人。但他认为北宋尊师之风始于"宋初三先生"和石介之尊师则未必妥当。对此,王梓材在《宋元学案》中曾云:

> "仲淹门下多贤士,如胡瑗、孙复、石介、李觏之徒,纯仁皆与从游。"知胡、孙、石、李四先生皆在文正门下,而先生与盱江辈行较后于安定、泰山,则列之文正门人可也。③

王梓材认为胡瑗、孙复、石介、李觏皆为"文正门下"贤士,而石介和李觏则是"文正门人"。可见"宋初三先生"和李觏都深受范仲淹思想的影响。而范仲淹是"睢阳学统"的思想传人,大儒戚同文尊师重教、绝德至行的风范对他影响深远。石介作为范仲淹在应天书院执教时的学生,其师道观念必然受到范仲淹和"睢阳学统"的影响,这是自不待言的。另外,石介拜孙复为师是景祐二年(1035年)冬之后的事情④,而范仲淹早在天圣三年(1025年)的《奏上时务书》中,就已经在谈论"师道"⑤问题了。故排斥范仲淹在师道复兴中的地位和作用是没有依据的。

另外,全祖望在《宋元学案》卷三《高平学案》中亦说:

> 有宋真、仁二宗之际,儒林之草昧也。当时濂、洛之徒方萌芽而未出,而睢阳戚氏在宋,泰山孙氏在齐,安定胡氏在吴,相与讲明正学,自拔于尘俗之中。亦会值贤者在朝,安阳韩忠献公、高平范文正公、乐安欧阳文忠公皆卓然有见于道之大概,左提右挈,于是学校遍于四方,师儒之道以立。⑥

全祖望指出,宋初学术和教育并不发达,直至真、仁之际儒林尚在草昧。但戚同文、孙复和胡瑗等大儒虽在草泽,但能够自拔于尘俗之中,已开始在民间创建书院,致力于讲学育人。他们秉承传统师道精神,讲明"正学",加之范仲淹等在朝诸公的提携,于是官办学校和民办书院开始普及,宋学得以创立,师道得以复兴。

全祖望的此段论述,未突出范仲淹在北宋儒学复兴过程中的开创地位,这也是不公允的。其实范仲淹在此过程中所发挥的作用,绝不仅仅是政治家的"左提右挈"作用,而同时也是作为士林领袖在思想和学术领域发挥的引领和开创作用。但全祖望突出了范仲淹在宋初师道复兴过程中的地位和作用,这是值得肯定的。

作为杰出教育家的范仲淹同韩愈一样,对于师道的重要意义有清醒的认识,他深知:师道是人才培养的关键环节,如无正确的师道,就不会有良好的教育,也不会有良好的文风、士风和学风,当然也不会有良好的政风,儒学也不可能得到复兴,"回向三代"也只是一句空话。因此,范仲淹极为关注师道问题,主张"尊严师道"。针对宋初的"师道不振",他率先进行了尖锐批评。

---

① (清)黄宗羲原著、全祖望补修:《宋元学案》卷二《泰山学案》,北京:中华书局,1986年,第72页。
② (清)黄宗羲原著、全祖望补修:《宋元学案》卷二《泰山学案》,北京:中华书局,1986年,第102-103页。
③ (清)黄宗羲原著、全祖望补修:《宋元学案》卷二《泰山学案》,北京:中华书局,1986年,第104页。
④ (宋)石介著,陈植锷点校:《徂徕石先生文集》,北京:中华书局,1984年,"前言"第3页。
⑤ 《范仲淹全集》(上),南京:凤凰出版社,2004年,第176页。
⑥ (清)黄宗羲原著、全祖望补修:《宋元学案》卷三《高平学案》,北京:中华书局,1986年,第134页。

早在天圣三年的《奏上时务书》中,范仲淹就指出文风关涉风化,只有正师道才能正文风。他认为当时士林"文风益浇",表现为"修辞者不求大才,明经者不问大旨",故士人"尚六朝之细"而"文章之薄"。他认为这种局面是因"师道既废"导致的,因此他希望通过"兴复古道"来"救文弊"①。这里的"古道",当然包括古师道。在天圣五年的《上执政书》中,范仲淹又进一步指出士林学风不正,他说:"今士林之间患不稽古,委先王之典,宗叔世之文,词多纤秽,士惟偷浅,言不及道,心无存诚。……至于明经之士,全暗指归。"他认为这种浮躁轻薄学风是因"师道不振"导致的,为此主张"深思治本,渐隆古道"②。在天圣八年的《上时相议制举书》中,他指出士人"文章柔靡,风俗巧伪",认为这是由"为学者不根乎经籍,从政者罕议乎教化"而导致的。为此,他严厉批评这种空疏学风"足以误多士之心,不足以救斯文之弊"。他同样认为这种空疏学风是因"师道久缺"导致的,解决的办法是"宗经",因为"宗经则道大"③。此"道"既是政道,又是师道。

在对因"师道不振"而导致的文风、学风和士风不正进行尖锐批评的同时,范仲淹也疾呼发展教育,改变师道不存的局面。他在《上执政书》中说:

　　《诗》谓"长育人材",亦何道也?古者庠序列于郡国,王风云迈。(今)师道不振,斯文销散,由圣朝之弗救乎?当太平之朝,不能教育,俟何时而教育哉?④

范仲淹认为"三代"因重视师道,发展庠序事业,故能"长育人材",实现王道。他显然把师道的振兴视为培育人才的关键,为此他呼吁北宋统治者拯救师道,通过振兴师道来劝学育才,辅成王道。

在《上时相议制举书》中,范仲淹针对"文庠不振,师道久缺"的局面,他呼吁朝廷"思救其弊":

　　今文庠不振,师道久缺,……朝廷思救其弊,兴复制科,不独振举滞淹,询访得失,有以劝天下之学,育天下之才,是将复小为大,抑薄归厚之时也。斯文丕变,在此一举。⑤

范仲淹认为通过恢复"制科"可以解决一时的人才滞淹问题,但根本的劝学育才之道还在于发展教育事业,解决"师道久缺"问题。他认为这一问题的解决,是关涉整个文教事业能否由小变大、由劣变优的关键之举。

综上所述,针对宋初师道不存的局面,范仲淹率先关注了师道问题,主张"尊严师道"、兴学重教,并深刻阐述了"尊严师道"与道统传承和儒学复兴的关系。总之,范仲淹是北宋儒学复兴运动的先驱,也是师道复兴的始祖。

2."回向三代"与"尊严师道"

儒家具有重视教育的优良传统,然而重教必须尊师。荀子云:"尊严而惮,可以为师。"⑥《礼记》云:"凡学之道,严师为难。师严然后道尊,道尊然后民知敬学。"可见,只有尊师才能使民敬学,人类的文化知识才能得到传承。故《礼记》又云:"大学之礼,虽诏于天子,无北面,所以尊师也。"⑦孟子亦云:"天子不召师,而况诸侯乎?"⑧意指天子包括诸侯都不能以召见臣下的方式召见教师,而必须以平等、庄重的礼仪对待教师,以此来彰显教师的尊严。总之,儒家具有尊师重教的传统,且以贤者为师,强调"师"在文化传承、社会教化中的重要作用,这与法家代表人物韩非的"以法为教、以吏为师"⑨主张是存在根本区

---

① 《范仲淹全集》(上),南京:凤凰出版社,2004年,第176页。
② 《范文正公文集》卷九《上执政书》,《范仲淹全集》(上),南京:凤凰出版社,2004年,第190页。
③ 《范文正公文集》卷十《上时相议制举书》,《范仲淹全集》(上),南京:凤凰出版社,2004年,第208页。
④ 《范仲淹全集》(上),南京:凤凰出版社,2004年,第190页。
⑤ 《范仲淹全集》(上),南京:凤凰出版社,2004年,第208-209页。
⑥ 《荀子·致士》。
⑦ 《礼记·学记》。
⑧ 《孟子·万章下》。
⑨ 《韩非·五蠹》。

别的。

儒家尊师的实质是尊重教师的博学多闻和秉持道义,即教师因能传承道义和传授文化知识而受到尊重,故师道的存在是尊师的前提。对此,韩愈曾说:"古之学者必有师。师者,所以传道受业解惑也。人非生而知之者,孰能无惑?惑而不从师,其为惑也终不解矣。"韩愈将教师的责任和使命归结为"传道、受业、解惑"三项,认为这三个方面的统一才是完整的"师道"。其中"传道"为主要方面,即教师不仅要教授文化、知识和技能,解答学生的疑惑,更要"传道"。所谓"传道",就是传承儒家"道统",以儒家的思想对学生进行世界观、价值观和人生观教育。不过韩愈认为:"师道之不传也久矣!"①因此他呼吁重新确立师道。

在北宋宽松的士人文化背景下,士大夫们继承了先秦儒家的士人传统,以道自任并充满了自觉的"弘道"意识,同时他们又广泛地参与了政治生活,具备了"行道"的基础。于是在新的历史条件下,宋儒重提"道统论",把"回向三代"作为其历史使命,而此历史使命的达成,又系之于师道的确立。为此,宋儒又继承了韩愈的师道学说,主张重振师道。

范仲淹是北宋庆历年间士大夫集团的杰出代表。他自幼"游心儒术,决知圣道之可行"②,他主张儒者要"师虞夏之风""追三代之高"③,又说:"吾党居后稷、公刘之区,被二帝三王之风,其吾君之大赐,吾道之盛节欤!敢不拳拳服膺,以树其德业哉?"④这显然是把"回向三代"作为最高理想,把传承"先王之道"作为其人生使命。

范仲淹认为"三代"是文教事业发达的社会,具体表现就是"四郊立学,尊严师道"。他说:

> 窃以三代右文,四郊立学,尊严师道,教育贤材。被服礼乐之风,准绳仁义之行,功磨国器,标率人伦。式致用于荐绅,乃助成于声教,俊造以之富盛,基业由是绵昌。⑤

在范仲淹看来,"三代"因广设学校且"尊严师道",故能培育人才,助成声教,以此奠定礼乐昌盛、仁义流行的盛世基业。除此之外,范公又云:

> 三代盛王致治天下,必先崇学校,立师资,聚群材,陈正道。使其服礼乐之风,乐名教之地,精治人之术,蕴致君之方。⑥

这里所说的"正道"是指教育之道,也指师道。范仲淹再次强调,发达的教育与优良的师道是"三代"盛王致治天下的路径。

范仲淹深受"三代"尊师重教传统的影响。他终生倡导兴学办教,热衷于教育培养人才,并努力促成了北宋的"庆历兴学"运动的开展,他同时还主张继承"三代"的"尊严师道"传统,以此来劝学育才,辅成王道。

范仲淹之所以呼吁振兴师道,也是为了使师道与宋学精神相适应。关于宋学精神,钱穆先生曾指出:"宋学精神,厥有两端:一曰革新政令,二曰创通经义,而精神之所寄则在书院。"⑦钱穆先生所说的"革新政令",是指北宋的政治革新运动;而所谓的"创通经义",则是指宋代儒学理论的创新和义理之学的建构。这"两端"与宋儒所要努力追求和创造的"三代"事业密切相关,是宋学精神之所在,也是宋代儒学复兴的标志。但这"两端"的达成,要求士人必须具备变革的精神和建构义理之学的能力,这实质上是

---

① (唐)韩愈著,马其昶校注,马茂元整理:《韩昌黎文集校注》卷一《师说》,上海:上海古籍出版社,2018年7月,第50页。
② 《范文正公文集》卷十八《遗表》,《范仲淹全集》(上),南京:凤凰出版社,2004年,第377页。
③ 《范文正公文集》卷九《奏上时务书》,《范仲淹全集》(上),南京:凤凰出版社,2004年,第173页。
④ 《范文正公文集》卷八《邠州建学记》,《范仲淹全集》(上),南京:凤凰出版社,2004年,第170页。
⑤ 《范文正公文集》卷十六《代胡侍郎奏乞余杭州学名额表》,《范仲淹全集》(上),南京:凤凰出版社,2004年,第351页。
⑥ 《范文正公文集》卷十九《代人奏乞王洙充南京讲书状》,《范仲淹全集》(上),南京:凤凰出版社,2004年,第379页。
⑦ 钱穆:《中国近三百年学术史》(上册),北京:商务印书馆,1997年,第7页。

要求士人要具备主体意识,即士人一方面要有"以天下为己任"的精神,主动参与政治,视变革之业为"回向三代"的分内之事;另一方面要摆脱汉唐以来章句训诂之学的束缚,以我为主,创通经籍,进而揭示其义理,提升儒学的思辨层次,也为革新政令提供学理支撑。但这种主体精神在汉唐固守师门之法的师道观下是无法培育的,只有在"先秦儒家士人文化主体意识的师道精神"①的支配下方可形成。这是范仲淹重建师道的内在动力。

3."师道"新解

在批评师道不存、呼吁振兴师道的同时,范仲淹也在做着重建师道的努力。他继承了韩愈"传道、受业、解惑"的师道学说的基本精神,对师道的内涵进行了新的和富有时代精神的阐述。

范仲淹的师道新解,首先表现在对师者所传之道的重新发明。韩愈视"传道"为师者的首要职责,认为师者所传之道乃为儒家之仁义道德。他在《原道》中说:"博爱之谓仁,行而宜之之谓义;由是而之焉之谓道,足乎己而无待于外之谓德。仁与义为定名,道与德为虚位。"②可见,韩愈所理解的仁义基本上属于纲常礼教和伦理道德范畴,并不涉及哲学义理层面。

同韩愈一样,范仲淹也认为"传道"是师道的核心,也认为师者首要传授"先王之道",如云:"吾儒之职,去先王之经则茫乎无从矣。"③故他主张学者要委"先王之典"、要奉"先王之训"④。范仲淹认为"先王之道"的精神实质是仁义。在《南京书院题名记》中,范仲淹说:

> 天人其学,能乐古人之道,退可为乡先生者,亦不无矣。
>
> 登斯缀者,不负国家之乐育,不孤师门之礼教,不忘朋簪之善导,孜孜仁义,……抑又使天下庠序规此而兴,济济群髦,咸底于道。……他日门人中绝德至行,高尚不仕,如睢阳先生者,当又附此焉。⑤

这里所谓的"古人之道"实为仁义之道。范仲淹希望为学为师者(乡先生)皆能孜孜于仁义,以达于此道为乐,就如同名师戚同文先生一样,不以入仕为乐,而以绝德至行、弘扬此道为乐。

在《近名论》中,范仲淹同样认为先王之道的本质是仁义,表现为忠孝。他说:

> 《孟子》曰:"尧舜性之也,(性本仁义)。三王身之也,(躬行仁义)。五霸假之也,(假仁义而求名)"。后之诸侯,逆天暴物,杀人盗国,不复爱其名者也。人臣亦然。有性本忠孝者,上也;行忠孝者,次也;假忠孝而求名者,又次也。⑥

范仲淹认为尧舜二帝性本仁义,三王躬行仁义,后世五霸诸侯要么假名仁义,要么抛弃仁义。对于普通人臣而言,亦存在性本忠孝、躬行忠孝和假名忠孝的区别。

但范仲淹所说的仁义与韩愈所说的仁义是有层次区别的。他不主张对仁义仅限于作伦理道德层次的理解,而主张在创通经义的基础上揭示其义理,进而将仁义与天道相贯通。他说:

> 博识之士,当于六经之中,专师圣人之意。⑦

范仲淹认为,学者要通过对"六经"经义的创通而探究"圣人之意"。所谓"圣人之意"即"六经"之义理。范仲淹自己也是这么做的,欧阳修说他在未中进士之前就已"大通六经之旨,为文章,论说必本于仁

---

① 朱汉民:《师道复兴与宋学崛起》,《哲学动态》2020年第7期。
② (唐)韩愈著、马其昶校注、马茂元整理:《韩昌黎文集校注》卷一《原道》,上海:上海古籍出版社,2018年7月,第17页。
③ 《范文正公尺牍》卷下《与胡安定屯田》,《范仲淹全集》(上),南京:凤凰出版社,2004年,第629页。
④ 《范文正公文集》卷九《上执政书》,《范仲淹全集》(上),南京:凤凰出版社,2004年,第190、197页。
⑤ 《范仲淹全集》(上),南京:凤凰出版社,2004年,第166页。
⑥ 《范文正公文集》卷七《近名论》,《范仲淹全集》(上),南京:凤凰出版社,2004年,第132页。
⑦ 《范文正公文集》卷十《与欧静书》,《范仲淹全集》(上),南京:凤凰出版社,2004年,第212页。

义"①,《宋史》本传亦说他:"泛通六经,长于《易》"②。这表明他是致力于"六经"的创通和义理阐发的。

在《南京府学生朱从道名述》一文中,范仲淹又将先王之道的仁义本质与《中庸》的"道"相联系。他说:

> 然则道者何? 率性之谓也。从者何? 由道之谓也。臣则由乎忠,子则由乎孝,行己由乎礼,制事由乎义,保民由乎信,待物由乎仁,此道之端也。子将从之乎,然后可以言国,可以言家,可以言民,可以言物,岂不大哉? 若乃诚而明之,中而和之,揖让乎圣贤,蟠极乎天地,此道之致也。必大成于心,而后可言焉。③

范仲淹的这段论述,是对《中庸》主旨"率性之谓道"的义理阐发。他认为儒道发端于人性之仁,体现为忠孝礼义,只有秉承和发扬光大此道,方可治国、治家、治民、治物。如果进一步由诚而明,坚守中和之道,必能感而遂通,由人道上达天道,从而保天心而立人极,臻于赞天地之化育的圣境。他力图将孔孟的仁义学说和子思的诚明、中和学说融为一体,其创通经义的特征十分明显,故余英时先生认为:"此文全就《中庸》发挥,充分表达了由修身、齐家而建立理想秩序的意识,而且也含有'内圣'与'外王'相贯通的观念。"④可见,范仲淹对仁义之道的理解体现了"创通经义"的宋学精神。故范仲淹所理解的师者所传之道,实为"六经之旨"和"仁义之本",此乃形上层次的义理之道。

范仲淹认为师者所传之道为仁义之道,但仁义之道体现在儒家经典中,故只有深入研习经典才能发明此道。因此,范仲淹倡导"宗经",反对"为学者不根乎经籍,从政者罕议乎教化"的空疏学风。他在《上时相议制举书》中说:

> 夫善国者,莫先育材;育材之方,莫先劝学;劝学之要,莫尚宗经。宗经则道大,道大则才大,才大则功大。⑤

范仲淹认为治国的根本在于"宗经",因此学校教育必须培养"宗经"人才。而经之大是道,故"宗经"必须宗"经之道"。所谓"经之道",是指作为礼乐规范和典章制度的经典背后所体现的"道"和"理",如范仲淹言:"经以明道""文以通理"⑥。但此"道"此"理"并非空洞无物之"道理",而是先王创制立度、治国理政之实在"道理"。如其云:

> 盖圣人法度之言存乎《书》,安危之几存乎《易》,得失之鉴在乎《诗》,是非之辨存乎《春秋》,天下之制存乎《礼》,万物之情存乎《乐》。故俊哲之人,入乎六经,则能服法度之言,察安危之几,陈得失之鉴,析是非之辨,明天下之制,尽万物之情。使斯人之徒辅成王道,夫何求哉?⑦

范仲淹认为《书》《易》《诗》《春秋》《礼》《乐》六经,作为先王制定的礼乐规范和典章制度,也体现着先王在政治、哲学、文学、历史、制度礼仪和音乐审美等各个方面的治国理念。因此,通过研修六经,不仅可以了解先王之制,还可以洞悉圣人治国安邦、化成万物的理念,这样就可造就经世致用人才。

要之,范仲淹所说的师者所传之"道",是指"先王之道",其实质是寓于"六经"中的仁义之道;而仁义之道又与天道相贯通,故此"道"又为形上之道;形上之道并非空洞之性理,亦非空谈之心性,而是经世致用之道。所以他要求为师者必须"通经达道""明体达用",这是范仲淹师道学说的要义。

---

① (宋)欧阳修:《欧阳修全集》卷二十一《资政殿学士户部侍郎文正范公神道碑铭》,北京:中华书局,2001年,第332页。
② 《宋史》卷三百一十四《范仲淹传》。
③ 《范仲淹全集》(上),南京:凤凰出版社,2004年,第151页。
④ 余英时:《朱熹的历史世界》(上),北京:三联书店,2004年,第89页。
⑤ 《范仲淹全集》(上),南京:凤凰出版社,2004年,第208页。
⑥ 《范文正公文集》卷八《南京书院题名记》,《范仲淹全集》(上),南京:凤凰出版社,2004年,第165页。
⑦ 《范文正公文集》卷十《上时相议制举书》,《范仲淹全集》(上),南京:凤凰出版社,2004年,第208页。

范仲淹对于"受业"亦有新的理解。韩愈视"受业"为师者的重要职责,认为师者所授之业为儒家的"六艺经传"①。"六艺"即"六经","传"即对"经"的解释。《论语·述而》云:"子以四教:文,行,忠,信。"②这说明孔子是将"六艺"的内容分为"四科"进行教学。范仲淹亦主张以"六经"或"四科"作为教学内容,如云:

> 敦六籍以恢本,发"四科"以彰善。③
> 四科:一曰德行,二曰政事,三曰言语,四曰文学。④
> 敦之以诗书礼乐,辨之以文行忠信。⑤

但范仲淹对于学习经典的方法有独到和深入的理解。他反对只要求学生默守背诵经文,不求经旨的教学方法。他多次指出,这种教学方法培养的士人"虽济济盈庭",但"求有才有识之士十无一二"⑥。范仲淹所说的"有才有识之士",是指精通典籍,富有文化和理论修养,但又擅长国计民生,精通文韬武略的有用之才。为达到这一人才培养目标,范仲淹主张以经世致用之学取代专务诗赋墨义的空疏之学,这是范仲淹教学思想的重要组成部分,也是其师道思想的重要内容。

如前所述,范仲淹对不根乎经籍、无关教化的空疏文风、学风和教风多有批评,他极力主张以经世致用之学教授学生,认为只有这样才能造就国家需要的有用人才。他明确地说:

> 使天下奇士,学经纶之盛业,为邦家之大器,亦策之上也。⑦
> 国家劝学育材,必求为我器用,辅我风教。⑧

经世致用之学的特点是明体达用,内圣外王。即要求士人在通经的基础上发挥治国安邦的实际功用,这与胡瑗所创立的"明体达用之学"不谋而合。

作为教育家的胡瑗,以其于天圣末和景祐初在吴中一带讲学时所创立的"苏湖教法"暨"明体达用之学"而闻名当世,备受推崇。据《文献通考》记载:

> 安定先生胡瑗,自庆历中教学于苏、湖间二十余年,束脩弟子前后以数千计。是时方尚辞赋,独湖学以经义及时务。学中故有经义斋、治事斋。经义斋者,择疏通有器局者居之;治事斋者,人各治一事,又兼一事,如边防、水利之类。故天下谓湖学多秀彦,其出而筮仕往往取高第,及为政,多适于世用,若老于吏事者,由讲习有素也。⑨

另据《宋元学案》载:

> 其教人之法,科条纤悉具备。立"经义""治事"二斋:经义则选择其心性疏通、有器局、可任大事者,使之讲明《六经》。治事则一人各治一事,又兼摄一事,如治民以安其生,讲武以御其寇,堰水以利田,算历以明数是也。凡教授二十余年。庆历中,天子诏下苏、湖,取其法,着为令于太学。⑩

"苏湖教法"又称为"分斋"教学法,其特点是将"经义"及"时务"作为教学内容,但将其分为"经义斋"和"治事斋",然后根据学生的特点分别进行教育,前者为"明体",后者为"达用",这体现了因材施教和体

---

① (唐)韩愈著、马其昶校注、马茂元整理:《韩昌黎文集校注》卷一《师说》,上海:上海古籍出版社,2018年7月,第52页。
② 《论语·述而》。
③ 《范文正公文集》卷八《南京府学生朱从道名述》,《范仲淹全集》(上),南京:凤凰出版社,2004年,第150页。
④ 《范文正公文集》卷七《推委臣下论》,《范仲淹全集》(上),南京:凤凰出版社,2004年,第134页。
⑤ 《范文正公文集》卷九《上执政书》,《范仲淹全集》(上),南京:凤凰出版社,2004年,第191页。
⑥ 《范文正公政府奏议》卷上《答手诏条陈十事》,《范仲淹全集》(上),南京:凤凰出版社,2004年,第478页。
⑦ 《范文正公文集》卷九《上执政书》,《范仲淹全集》(上),南京:凤凰出版社,2004年,第191页。
⑧ 《范文正公文集》卷十《上时相议制举书》,《范仲淹全集》(上),南京:凤凰出版社,2004年,第209页。
⑨ 马瑞临:《文献通考》卷四十六《学校考七》。
⑩ 《宋元学案》卷一《安定学案》。

用兼备的教育思想。"明体达用之学"与范仲淹的教育理念相吻合,故范公于景祐二年在苏州创立府学时,曾聘请胡瑗教授。庆历兴学时,范仲淹又将"苏湖教法"引入了太学,后又推荐胡瑗"升之太学"①为教。

对于胡瑗的"明体达用之学"在当时所产生的影响,胡瑗的高足刘彝曾评价说:

> 臣闻圣人之道,有体、有用、有文。君臣父子,仁义礼乐,历世不可变者,其体也。《诗书》史传子集,垂法后世者,其文也。举而措之天下,能润泽斯民,归于皇极者,其用也。国家累朝取士,不以体用为本,而尚声律浮华之词,是以风俗偷薄。臣师当宝元、明道之间,尤病其失,遂以明体达用之学授诸生。夙夜勤瘁,二十余年,专切学校。始于苏、湖,终于太学,出其门者无虑数千余人。故今学者明夫圣人体用,以为政教之本,皆臣师之功。②

作为教育家的胡瑗,同范仲淹一样,也反对崇尚声律浮华之词的浅薄文风,反对国家以文词取士,以"明体达用之学"教授诸生,结果成就了一代教育美事,这是值得大书特书的。但若说学者明夫圣人体用,以政教为本之学风的形成,皆归功于胡瑗一人,则未免夸大其词。事实上,胡瑗的成长与范公的提携奖掖有密切关系,其"明体达用之学"与范仲淹的经世致用之学也有密切联系,故刘彝对乃师的评价,"不仅掩盖了范仲淹的开创者地位,而且对胡瑗教育思想也欠缺更加深入的理解"③。

事实上,早在天圣三年的《奏上时务书》中,范仲淹对"体用本末"不明,脱离实际的文风和教风就提出了批评,他指出:

> 修辞者不求大才,明经者不问大旨。师道既废,文风益浇,诏令虽繁,何以戒劝? 士无廉让,职此之由。其源未澄,欲波之清,臣未之信也。④

在《答手诏条陈十事》中,他也指出:

> 欲正其末,必端其本;欲清其流,必澄其源。⑤

范仲淹所说"本"和"源",是指经术;"末"和"流"是指文风和吏治,他认为由于为学者不明经术,所以文风益浇,士无廉让,吏治败坏。在此,他虽然还没有明确地将经术和治事联系起来,但用"体用本末"的思维方式来看待教学问题的倾向已很明显。

如前所述,范仲淹认为为学必须"宗经",必须"根乎经籍",必须"敦六籍以恢本",科举也必须"先之以六经",这表明他视六经为教学之"本",虽然他没有使用"体"的概念,但六经为"体"的思想是很明确的。另须注意的是,范仲淹所说的六经为"本",是指六经作为先王之"道"和形上之"体",对现实的人伦日"用"具有指导意义,故他说如能"乐古人之道",则"进可为卿大夫"以治国,"退可为乡先生"⑥以化民。可见,范仲淹所理解的"体""用"关系,不仅是"明体达用"和"学以致用",还包括"因用得体"和"体因用明"之意,也就是说,"体"如果不能指导"用","体"的存在就是无意义的。这表明范仲淹的经世致用之学更强调经术与治事之间的密切联系。

综上所述,范仲淹认为,实现儒学复兴、"回向三代"之治的根本途径在于发展教育,"尊严师道"。为此,他对师道的内涵做了新的学理阐释。至于在实践中采取何种措施"尊严师道",范仲淹认为必须从"立师资"和"重师礼"两方面做起。

---

① 《范文正公政府奏议》卷下《奏为荐胡瑗李觏充学官》,《范仲淹全集》(上),南京:凤凰出版社,2004年,第557页。
② 《宋元学案》卷一《安定学案》。
③ 李存山:《范仲淹与胡瑗的教育思想研究》,《杭州研究》2010年第2期。
④ 《范文正公文集》卷九《奏上时务书》,《范仲淹全集》(上),南京:凤凰出版社,2004年,第176页。
⑤ 《范文正公政府奏议》卷上《答手诏条陈十事》,《范仲淹全集》(上),南京:凤凰出版社,2004年,第474页。
⑥ 《范文正公文集》卷八《南京书院题名记》,《范仲淹全集》(上),南京:凤凰出版社,2004年,第165页。

二、"立师资"

范仲淹强调名师对于办学育人的极端重要性。他说:"一卷之书,必立之师。"①"非有讲贯,何以发明?"②于是他呼吁在兴学办教的同时也强调"立师资"③。在他的从政和教育实践中,所到之处无不热心延聘、推荐名师到地方和中央的各级学校任教,以充实师资队伍,这是范仲淹"尊严师道"思想的重要内容。

1. 通经达道

范仲淹"立师资"的标准是很高的。在他看来,只有通经达道、博学多才之士才堪任教师。他心目理想的师者形象是:"列于朝,则有制礼作乐之盛;布于外,则有移风易俗之善。故声诗之作,美上之长育人材,正在此矣。"④他认为只有理想的师者才会"善教",而只有"善教"者才能培育"三代之英"。他说:

> 盖将成尔之德,激清学校,腾休都邑。俾夫多士笙簧,庶邦成流,格美俗于诗书,被颂声于金石,致我宋之文,炳焉复三代之英。⑤

在《代人奏乞王洙充南京讲书状》中,范仲淹称赞王洙"素负文藻,深明经义"⑥,后来在《乞召还王洙及就迁职任事札子》中又称赞他"文词精赡,学术通博,国朝典故,无不练达,搢绅之中,未见其比。"⑦在《奏为荐胡瑗李觏充学官》中,他称赞胡瑗"志穷坟典,力行礼义";称赞李觏"讲贯六经,莫不赡通",是"鸿儒硕学"⑧。在《举张问孙复状》中,他称赞孙复"素负词业,深明经术"⑨。这些人正因道德才学的卓越,才被范仲淹延聘或举荐为师。

范仲淹将聘请名师、兴学办教作为于庆历兴学的重要内容。他在《答手诏条陈十事》中说:

> 今诸道学校如得明师,尚可教人六经,传治国治人之道。
> 臣请诸路州郡有学校处,奏举通经有道之士,专于教授,务在兴行。⑩

在他的奏请下,朝廷于庆历四年三月乙亥下诏:

> 州若县皆立学,本道使者选属部官为教授,三年而代;选于吏员不足,取于乡里宿学有道业者,三年无私谴,以名闻。⑪

诏书规定,各路州县皆立学,教师从本路所属官员中选拔,每三年一轮换;如果官员不足,就从乡里挑选博学有道之士充任,也是三年为一任期,这样州县办学就有了充分的师资保障。

范仲淹在地方和中央为官时,都热心延聘、举荐教师到各级学校任教。早在出仕之处,在广德任司理参军时,他就关注和重视广德的文化教育事业。据汪藻记载:"初,广德人未知学,公得名士三人为之师,于是郡人之擢进士者相继。"广德当初文化教育落后,经过范仲淹的延师办学,广德文风渐盛,景祐后考中进士的人也络绎不绝。

在之后的为政和教学生涯中,范仲淹先后聘请和举荐过的著名学者有胡瑗、孙复、李觏、王洙等,这

---

① 《范文正公文集》卷九《上张右丞书》,《范仲淹全集》(上),南京:凤凰出版社,2004年,第181页。
② 《范文正公文集》卷十九《代人奏乞王洙充南京讲书状》,《范仲淹全集》(上),南京:凤凰出版社,2004年,379页。
③ 《范文正公文集》卷十九《代人奏乞王洙充南京讲书状》,《范仲淹全集》(上),南京:凤凰出版社,2004年,379页。
④ 《范文正公文集》卷十九《代人奏乞王洙充南京讲书状》,《范仲淹全集》(上),南京:凤凰出版社,2004年,379页。
⑤ 《范文正公文集》卷十九《代人奏乞王洙充南京讲书状》,《范仲淹全集》(上),南京:凤凰出版社,2004年,152页。
⑥ 《范仲淹全集》(上),南京:凤凰出版社,2004年,第379页。
⑦ 《范仲淹全集》(上),南京:凤凰出版社,2004年,第410页。
⑧ 《范仲淹全集》(上),南京:凤凰出版社,2004年,第557页。
⑨ 《范仲淹全集》(上),南京:凤凰出版社,2004年,第387页。
⑩ 《范仲淹全集》(上),南京:凤凰出版社,2004年,第478页。
⑪ 《长编》卷一百四十七,庆历四年三月乙亥。

些人都为北宋教育事业的发展作出了贡献,其中胡瑗以"苏湖教法"暨"明体达用之学"培养的人才最多,成就最大。据《年谱》载:

> 公在苏州,奏请立郡学。先是公得南园之地,既卜筑而将居焉。阴阳家谓当踵生公卿,公曰"吾家有其贵,孰若天下之士咸教育于此,贵将无已焉?"遂即地建学。①

另据《宋史》范仲淹本传记载:

> 纯祐性英悟自得,尚节行。方十岁,能读诸书;为文章,籍籍有称。父仲淹守苏州,首建郡学,聘胡瑗为师。瑗立学规良密,生徒数百,多不率教,仲淹患之。纯祐尚未冠,辄白入学,齿诸生之末,尽行其规,诸生随之,遂不敢犯。自是苏学为诸郡倡。②

据上可知,范仲淹在苏州创立了州学,并将所得风水宝地南园辟为学校,希望"天下之士咸教育于此",还聘请大儒胡瑗为教授,讲授"明体达用之学"③,范仲淹令诸子从之学。胡瑗是著名的教育家,他为学校制定了良密学规,范纯祐率先"尽行其规",结果学风整肃。在教学内容和教学方法上,胡瑗创立的"苏湖教法"独步当世。

> 安定先生胡瑗,自庆历中教学于苏、湖间二十余年,束脩弟子前后以数千计。是时方尚辞赋,独湖学以经义及时务。学中故有经义斋、治事斋。经义斋者,择疏通有器局者居之;治事斋者,人各治一事,又兼一事,如边防、水利之类。故天下谓湖学多秀彦,其出而筮仕往往取高第,及为政,多适于世用,若老于吏事者,由讲习有素也。④

"苏湖教法"重视"经义及时务",体现了经世致用的精神,这与范仲淹的教育理念相吻合,庆历兴学时,范仲淹将此教法引入了太学。因有优良的学风和教学方法,故东南学术之昌,自苏州建学始。

2. 恪守"师道"

范仲淹认为为师者必须忠于职守,恪守师道。他称赞戚同文是以"贲于丘园,教育为乐"的"绝德至行,高尚不仕"⑤之士,又说:"孟子谓得天下英材而教育之,一乐也。"⑥他主张:"吾辈方扣圣门,宜循师道。"⑦如何"循师道"呢?他概括说:"所贵国家教育之道,风布于邦畿;进修之人,日闻于典籍。士务稽古,人知向方。"⑧意为教师的教学活动必须有助于国家的教化,使人民接受正确的思想引导,思古向善;同时要传授文化知识,使学生熟悉典籍。可见,师道主要表现为"传道"和"授业"两项,教师必须恪守此道。同时,教师因能恪守师道而为国家所"贵",这是范仲淹"尊严师道"思想之本意。

范仲淹也曾从教为师。天圣五年,他应南京留守晏殊之邀执掌应天府学。在此期间,他为人师表,恪守师道,在教务、教学方面精益求精,取得了很大成绩。据《范集》之《言行拾遗事录》记载:

> (范)公常宿学中,训督有法度,勤劳恭谨,以身先之。夜课诸生,读书寝食,皆立时刻。往往潜至斋舍伺之,见有先寝者诘之,其人绐云:"适疲倦,暂就枕耳。"问:"未寝时观何书?"其人妄对,则取书问之,不能对,罚之。出题使诸生作赋,必先自为之,欲知其难易及所当用意,亦使学者准以为法。由是,四方从学者辐辏。宋人以文学有声名于场屋、朝廷者,多其所教也。⑨

---

① 《年谱》景祐二年。
② 《宋史》卷三百一十四《范仲淹传》。
③ 《宋元学案》卷一《安定学案》。
④ 马瑞临《文献通考》卷四十六《学校考七》。
⑤ 《范文正公文集》卷八《南京书院题名记》,《范仲淹全集》(上),南京:凤凰出版社,2004年,第165、166页。
⑥ 《范文正公文集》卷九《上执政书》,《范仲淹全集》(上),南京:凤凰出版社,2004年,第191页。
⑦ 《范文正公文集》卷八《说春秋序》,《范仲淹全集》(上),南京:凤凰出版社,2004年,第164页。
⑧ 《范文正公文集》卷十九《代人奏乞王洙充南京讲书状》,《范仲淹全集》(上),南京:凤凰出版社,2004年,第379-380页。
⑨ 《言行拾遗事录》卷一《寓居南都掌府学》,《范仲淹全集》(下),南京:凤凰出版社,2004年,第791页。

范仲淹注重对学校的规范管理,训督有法度,学生起居皆立时刻,要求严格;注重学风建设,要求学生诚实守信,勤奋学习;注重教风建设,他为人师表,对教学工作兢兢业业,一丝不苟,因材施教,要求学生做到的自己先做到。在他的严格管理下,应天书院办得很成功,培养的人才也很多。

范仲淹还热心帮助学生,留下了一段知遇"穷秀才"孙复的佳话。据《东轩笔录》记载:

> 范文正公在睢阳掌学,有孙秀才者索游上谒,文正赠钱一千。明年,孙生复道睢阳谒文正,又赠一千,因问:"何为汲汲于道路?"孙秀才戚然动色曰:"老母无以养,若日得百钱,则甘旨足矣。"文正曰:"吾观子辞气,非乞客也。二年仆仆,所得几何,而废学多矣。吾今补子为学职,月可得三千以供养,子能安于为学乎?"孙生再拜大喜。于是授以《春秋》,而孙生笃学不舍昼夜,行复修谨,文正甚爱之。明年,文正去睢阳,孙亦辞归。后十年,闻泰山下有孙明复先生以《春秋》教授学者,道德高迈,朝廷召至太学,乃昔日索游孙秀才也。①

穷愁潦倒的孙复曾四举进士不第,为赡养老母,他曾两次索游到睢阳上谒范仲淹。范仲淹慷慨相赠并补以学职,帮助孙复解决生计之忧,然后授以《春秋》,鼓励他"安于为学"。孙复也不负范仲淹的重望,退居泰山,发奋苦学,十年后成为讲授《春秋》的名家,著有《春秋尊王发微》等著作,成为复兴儒学的"宋初三先生"之一。庆历二年,范仲淹和富弼"皆言先生(孙复)有经术,宜在朝廷,除国子监直讲,召为迩英阁祗候说书"②。

范仲淹亦官亦师,在从政为宦之时,也热心培育人才,不改师者本色。天圣初年,他在监泰州西溪镇盐仓期间结识了富弼,他很欣赏这位年轻人,认为是"王佐才也"③,故对其多有眷顾,并教之以文,告知以道,从此奠定了两人"师友僚类,殆三十年"④的密切关系。在《祭范文正公文》中,富弼深情回顾了与范仲淹的这段交往:

> 某昔初冠,识公海陵。顾我誉我,谓必有成。我稔公德,亦已服膺。自是相知,莫我公比。一气殊息,同心异体。始未闻道,公实告之。未知学文,公实教之。⑤

范仲淹执掌应天府书院期间,富弼为书院举子。当时晏殊正欲择婿,经范公的美荐,晏殊择富弼为婿。据《宋元学案》记载:

> 晏元献判南京,文正权掌西监,晏属之择婿。文正曰:"监中有二举子,富弼、张为善,皆有文行,可婿。"晏问孰优,曰:"富修谨,张疏俊。"晏取先生为婿。

后来富弼的科举之途多舛,曾举进士不中。天圣八年宋仁宗恢复制科后,范仲淹又鼓励推荐他应制科,结果举"茂才异等":

> 果礼部试下。西归,范文正公追之曰:"有旨以大科取士,可亟还。"遂举茂才异等。⑥

富弼在《祭范文正公文》中对此事亦有回顾,他说:"肇复制举,我掸大科,公实激之。"可见作为师友的范仲淹在富弼的成长之路上是发挥了重要作用的。

范仲淹也指导过大儒张载。康定元年,范公在陕西统兵御夏期间,年仅二十一岁的张载求见范公,希望弃笔从戎,但范公识才,反而折之以儒者名教,且授以《中庸》。据史载:

---

① (宋)魏泰:《东轩笔录》卷十四。
② 《宋元学案》卷二《泰山学案》。
③ 《宋史》卷三百一十三《富弼传》。
④ 《范文正公褒贤集》卷一《祭范文正公文》,《范仲淹全集》(下),南京:凤凰出版社,2004年,第958页。
⑤ 《范文正公褒贤集》卷一《祭范文正公文》,《范仲淹全集》(下),南京:凤凰出版社,2004年,第957页。
⑥ 《宋元学案》卷三《高平学案》。

(张载)少喜谈兵,至欲结客取洮西之地。年二十一,以书谒范仲淹,一见知其远器,乃警之曰:"儒者自有名教可乐,何事于兵。"因劝读《中庸》。载读其书,犹以为未足,又访诸释、老,累年究极其说,知无所得,反而求之《六经》。①

范公的指导对张载的成长是非常重要的,他先是研读《中庸》,而后又出入于佛老,最后返诸《六经》而成为理学巨擘,这与范仲淹的劝导不无关系。所以全祖望说:"高平一生粹然无疵,而导横渠以入圣人之室,尤为有功。"②

可见,范仲淹所说的"立师资",不仅仅是教师因知识和才能而"立",更重要的是因其"道行"而"立"。即教师不仅要博学多能,还要"体道"和"弘道",进而为人师表,冠乎群伦,这才是师道的完整意义。为师者只有恪守此师道,才能得到"尊严"。反之,如果"师道不振,斯文销散"③或"师道既废,文风益浇"④,那么"尊严师道"就无从谈起。

三、"重师礼"

范仲淹认为"尊严师道"还表现为"重师礼"⑤。所谓"重师礼"就是尊师重教。这首先表现为对于教师的善待,其次表现为对于儒家师门之礼的遵守。

1. 敦奖名教

善待师者是范仲淹的一贯主张,如云:"敦奖名教,以激劝天下。"⑥又云:"可敦谕词臣,兴复古道,更延博雅之士,布于台阁,以救斯文之薄,而厚其风化也,天下幸甚!"⑦

首先,他认为对于已有功名官位的为师者要给予敦奖。在《代人奏乞王洙充南京讲书状》中,他奏请朝廷对已任贺州富川县主簿但曾充任应天府书院说书已三年的王洙,"特与除授当州职事官兼州学讲说"。另在《奏举姚嗣宗充学官》中,他说姚嗣宗"文笔奇峭,有古人风格,兼通经术,宜置国庠",故乞奏朝廷"特授一学官,候通前任成四考日,与转原官。"⑧

其次,范仲淹继承了孔孟的独立士人精神,认为对于"岩穴草泽之士"也要给予敦奖。他在《上执政书》中说:

> 至于岩穴草泽之士,或节义敦笃,或文学高古,宜崇聘召之礼,以厚浇竞之风。国家近年羔雁弗降,或有考槃之举,不逾助教之命,孝廉之士适以为辱,何敦劝之有乎?⑨

对于蛰居在民间的节义饱学之士,范公认为朝廷要以聘召之礼厚待之,即不能只授予其"助教"身份,还要给予其更高的学术地位和荣誉,这样可抑制浇竞之风,敦劝天下。

范仲淹践行此说,景祐二年,他在苏州创立府学时,就直接聘布衣胡瑗为"苏州教授";皇祐元年,他又举荐"草泽"李觏为官,其《荐李觏并录进礼论等状》云:

> 臣伏见建昌军草泽李觏,前应制科,首被召试。有司失之,遂退而隐,竭力养亲,不复干禄,乡曲俊异,从而师之。善讲论六经,辩博明达,释然见圣人之旨。著书立言,有孟轲、扬雄之风义,实无愧于天下之士。而朝廷未赐采收,识者嗟惜,可谓遗逸者矣。臣窃见往年处州草泽周启明,工于词藻;

---

① 《宋史》卷四百二十七《道学一·张载传》。
② 《宋元学案》卷三《高平学案》。
③ 《范文正公文集》卷九《上执政书》,《范仲淹全集》(上),南京:凤凰出版社,2004年,第190页。
④ 《范文正公文集》卷九《奏上时务书》,《范仲淹全集》(上),南京:凤凰出版社,2004年,第176页。
⑤ 《范文正公文集》卷八《邠州建学记》,《范仲淹全集》(上),南京:凤凰出版社,2004年,169页。
⑥ 《范文正公文集》卷七《近名论》,《范仲淹全集》(上),南京:凤凰出版社,2004年,第132页。
⑦ 《奏上时务书》。
⑧ 《范文正公政府奏议》卷下《奏举姚嗣宗充学官》,《范仲淹全集》(上),南京:凤凰出版社,2004年,第560-561页。
⑨ 《范文正公文集》卷九《上执政书》,《范仲淹全集》(上),南京:凤凰出版社,2004年,第191页。

> 又江宁府草泽张元用,及近年益州草泽龙昌期,并老于经术。此三人者,皆蒙朝廷特除京官,以示奖劝。臣观李觏于经术文章,实能兼富,今草泽中未见其比,非独臣知此人,朝廷士大夫亦多知之。①

范公认为李觏虽为"草泽",但"善讲论六经,辩博明达,释然见圣人之旨"。故特奏请朝廷授官,以示奖劝。

最后,范仲淹重视医学,他在青少年时期就有"不为良相,愿为良医"②的理想。他视"医道"为"儒道",为此他主张敦奖"医师"。他在《奏乞在京并诸道医学教授生徒》中说:

> 《周礼》有"医师,掌医之政令","岁终考其医事,以制其禄"。是先王以医事为大,著于典册。我祖宗朝,置天下医学博士,亦其意也,即未曾教授生徒。

范仲淹认为"医事为大",先王和就曾敦奖"医师",祖宗朝也曾设"医学博士",亦有敦奖之意,不过未曾令其教授生徒。范仲淹将敦奖"医师"的主张落在了实处,他鉴于"今京师生人百万,医者千数,率多道听,不经师授,其误伤人命者日日有之"的局面,谏议在京师选择医术高明且"能讲说医书"者为"医师",设置"官学"教授生徒,所有医生必须经过官学培训、考核方可行医,其"医道精深高等者",还可入翰林院。另外,京师外所有诸道州府的"医学博士",也要教授生徒,并"选官专管",对于学有所长、医术高明者也予以相应的褒奖。通过这些举措,可达到"所贵天下医道各有原流,不致枉人性命,所济甚广,为圣人美利之一也"③的目的。

2. 师门之礼

范仲淹认为,遵守儒家师门之礼是"重师礼"的更重要的表现形式。他视先师孔子作为人文化成之王,应当享有最崇高的礼仪,后世帝王不能以对待臣下之礼来对待孔子,故他在《景祐重建至圣文宣王庙记》中说:

> 荡荡乎惟道为大,……盖后之明王遵道贵德而不敢臣,故奉之以王礼,享之于大学,昭斯文之宗焉。④

因孔子是"斯文之宗",儒道为大,故后世帝王对孔子应尊之以王礼,并供奉于学校,以彰显"儒道"的神圣和庄严。在《邠州建学记》中,范仲淹对将夫子庙迁于新建学宫的做法非常赞赏,他说:

> 增其庙度,重师礼也;广其学宫,优生员也。⑤

范仲淹认为将夫子庙扩建于学宫是"重师礼"的体现,而广建学宫则体现了对儒生的善待。

在《岁寒堂三题》序中,范仲淹告诫范氏子弟:"可以为友,可以为师。持松之清,远耻辱矣。执松之劲,无柔邪矣。禀松之色,义不变矣。扬松之声,名彰闻矣。有松之心,德可长矣。"⑥可见在范公看来,教师的职业是神圣的,故对于为师者,范仲淹向来以礼相待,如对胡瑗,他就"爱而敬之"。据《宋元学案》记载:

> (胡瑗)以经术教授吴中,范文正爱而敬之,聘为苏州教授,诸子从学焉。⑦

范公不仅对胡瑗"爱而敬之",他隆师礼,重师道,对一切鸿儒硕学如张载、李觏、孙复、石介等皆诱掖劝

---

① 《范仲淹全集》(上),南京:凤凰出版社,2004年,第398-399页。
② (宋)吴曾:《能改斋漫录》卷十三《文正公愿为良医》条。该条原文为:范文正公微时,尝诣灵祠求祷,曰:"他时得位相乎?"不许。复祷之曰:"不然,愿为良医。"
③ 《范仲淹全集》(上),南京:凤凰出版社,2004年,第580-581页。
④ 《范文正公逸文》之《景祐重建至圣文宣王庙记》,《范仲淹全集》(上),南京:凤凰出版社,2004年,第707页。
⑤ 《范仲淹全集》(上),南京:凤凰出版社,2004年,第169页。
⑥ 《范文正公文集》卷二《岁寒堂三题》,《范仲淹全集》(上),南京:凤凰出版社,2004年,第35页。
⑦ 《宋元学案》卷一《安定学案》。

奖,左提右挈,终使"学校遍于四方,师儒之道以立"。①

在《南京书院题名记》中,他称赞睢阳先生"以贲于丘园,教育为乐"。而其弟子门人亦能继承睢阳遗风,"并纯文浩学,世济其美,清德素行,贵而能贫"。因此,他希望南京书院诸生"不孤师门之礼教"。他说:

> 不负国家之乐育,不孤师门之礼教,不忘朋簪之善导,孜孜仁义,惟日不足,庶几乎刊金石而无愧也。②

按全祖望的说法,"高平实发原于睢阳戚氏"③,可见范仲淹本身就是戚同文学派的思想传人。他也继承了"不孤师门之礼教"的门风,严守儒门师教,不负师训。在《饶州谢上表》中他自称:

> 此而为郡,陈优优布政之方;必也立朝,增蹇蹇匪躬之节。庶从师训,无负天心。④

范仲淹说"师训"体现"天心","天心"即天道。范公勉励自己,在州郡为官要布施良政,在朝廷为臣要贞节不屈,总之要严守"师训",不负先圣之意。

范公对有师恩于他的师者皆能以礼相待,他与晏殊的交往就很能说明这一点。范仲淹在年龄上还长晏殊两岁,但晏殊出道较早,并于天圣五年任南京留守时邀请范仲淹执掌应天府学,还于天圣六年推荐范仲淹担任馆职。晏殊的知遇举荐,对范仲淹的成长产生了重要作用,故范仲淹对晏殊终身执门生弟子之礼。

范仲淹与晏殊有很多诗歌书信往来。景祐元年,范仲淹谪守睦州,到达睦州不久,他便写信给晏殊,告诉他这里的社会治理状况不太理想,还谈及了他的一些作为,如抑制豪强,扶弱济贫,播行仁义等,结果社会风气有所好转。其信中还云:

> 乃延见诸生,以博以约,非某所能,盖师门之礼训也。⑤

这是说他还召见了当地的儒生,并培养教育他们,希望他们发挥教化的作用,伸张正义,从根本上改变社会风气。对于这些举措及成效,范仲淹说都是老师教育的结果,并非自己有能力,他不过是遵守"师门之礼训"而已。

皇祐元年,已六十一岁的范仲淹由邓州迁知杭州。途中,他执弟子礼,专程拜访了时知陈州的晏殊,两人诗酒唱和,欢聚数日。范仲淹的《过陈州上晏相公》云:

> 襄由清举玉宸知,今觉光荣冠一时。
> 曾入黄扉陪国论,重求绛帐就师资。
> 谈文讲道浑无倦,养浩存真绝不衰。
> 独愧铸颜恩未报,捧觞为寿献声诗。⑥

范仲淹说自己一生的荣光皆因恩师当年的举荐,如今自己已年迈,但师恩未报,实感惭愧,只能举杯献诗祝恩师长寿。他说与恩师谈文讲道毫无倦意,并赞美恩师"养浩存真",感激之情,发自肺腑。

此事堪称尊师重教的佳话。叶梦得在《石林燕语》中赞之曰:

> 范文正公以晏元献荐入馆,终身以门生事之,后虽名位相亚亦不敢少变。庆历末,晏公守宛丘,

---

① 《宋元学案》卷三《高平学案》。
② 《范文正公文集》卷八《南京书院题名记》,《范仲淹全集》(上),南京:凤凰出版社,2004年,第165、166页。
③ 《宋元学案》卷三《高平学案》。
④ 《范文正文集》卷十六《饶州谢上表》,《范仲淹全集》(上),南京:凤凰出版社,2004年,第343页。
⑤ 《范文正公尺牍》卷下《与晏尚书》,《范仲淹全集》(上),南京:凤凰出版社,2004年,第619页。
⑥ 《范文正公文集》卷六《过陈州上晏相公》,《范仲淹全集》(上),南京:凤凰出版社,2004年,第113页。

文正赴南阳,道过,特留欢饮数日。其书题门状,犹皆称门生。将别,以诗叙殷勤,投元献而去。有"曾入黄扉陪国论,却来(一作重求)绛帐就师资"之句,闻者无不叹服。①

难能可贵的是,范仲淹虽"重师礼"但并不盲从师礼。天圣七年,范仲淹因上章反对仁宗于冬至日率百官为刘太后贺寿而得罪权贵,并因此遭贬。可以理解的是,范仲淹的举动让他的举主——晏殊感到了恐慌。据史载:

> 晏殊初荐仲淹为馆职,闻之大惧,召仲淹,诘以狂率邀名且将累荐者。仲淹正色抗言曰:"仲淹缪辱公举,每惧不称,为知己羞。不意今日反以忠直获罪门下。"殊不能答。仲淹退,又作书遗殊,申理前奏,不少屈,殊卒愧谢焉。②

针对晏殊的"狂率邀名"指责,范仲淹并不屈服,而是"正色抗言",据理力争。随后范仲淹又写了《上资政晏侍郎书》,对晏殊的"好奇邀名"指责进行了详细申辩,好在晏殊也是明达之士,最终"愧谢"范仲淹。此事表明,范仲淹对晏殊的尊重,是建立在道义而非盲从的基础上,这大有"吾爱吾师,吾更爱真理"的意味。

---

① (宋)叶梦得:《石林燕语》卷九。
② 《长编》卷一百八,天圣七年十一月。

孟子气节观探析

文 敏[*]

(陕西科技大学 马克思主义学院,陕西 西安 710021)

> **摘 要**:伦理道德的文化自觉与文化自信,源于中国优秀的传统伦理文化。崇尚气节,是中国优秀传统伦理文化的重要组成部分。不同的时代气节有不同的内涵,但把气节作为一种优秀的道德品质、精神气质是由先秦儒家所奠定的。尤其是孟子"浩然之气"的提出,把儒家的气节观发展到了一个新的阶段,在一定意义上,代表了中国古代的道德精神,是中国传统伦理文化中气节观的核心。这种气节观作为中华民族优秀的道德传统,不仅对传统社会士人的精神世界产生了深远的影响,而且对在新时代个体道德人格的培养、国家民族精神气质的养成,以及建设中国特色社会主义文化具有重要的积极意义。
>
> **关键词**:气;气节;气节观;伦理道德

"改革开放40年来,中国社会大众在激荡和震荡中所形成的最基本也是最重要的共识之一,就是关于伦理道德的文化自觉和文化自信。"[①]季羡林先生就认为中国伦理道德中气节、骨气很重要,习总书记也在1990年的《从政杂谈》中指出:"要有气节。纵观人类历史,凡有成就者,必有高风亮节。……没有气节,就没有了脊梁骨。"[②]然而,气节观念不是一成不变的,随着历史的演变,时代不同涵义也有所差别。虽然诸子百家的其他流派如道家、墨家、法家对气节思想也有所论述,但其作为一种优秀的道德品质、精神气质却是由先秦儒家所奠定的,最为突出的便是孟子提出的"浩然之气"。这种精神气质不仅使得儒家的气节观成为中国古代气节观的主流,而且对后世产生了深远影响,是中华优秀传统文化宝库中非常重要的内容之一。新时代,我们树立文化自觉与文化自信,气节精神不可或缺。尤其是对个体道德的塑造、国家民族精神气质的养成,以及建设中国特色社会主义文化具有重要的积极意义。

一、气节概念的形成

"气节"是中国古代伦理道德中所独有的概念。在中国古代社会,通常指个人在思想道德和精神生活方面的价值取向,也就是志气和节操。先秦时期,"气"与"节"是作为两个词来使用的。"气",据《说文解字·气部》记载:"气,云气也。象形。"这里,"气"是中国古代对天上云气的表达,是自然界中的一种物质。古人认为,"气"不仅贯通于天地万物之中,而且影响着许多人间事物。《左传》中就"以六气解释自然、社会、人生各种现象产生的原因,从中寻求彼此之间的联系,避免失序。"[③]《国语·周语上》也曾指

基金项目:国家社科基金一般项目"儒家气节观的历史嬗变研究"(19BZX113)阶段性成果。

[*] 作者简介:文敏(1980—),女,陕西泾阳人,陕西科技大学马克思主义学院副教授、哲学博士,研究方向:道德哲学、中国传统伦理与马克思主义伦理学。

[①] 樊浩:《中国社会大众伦理道德发展的文化共识——基于改革开放40年持续调查的数据》,《中国社会科学》,2019年第8期第25页。

[②] 习近平:《摆脱贫困》,福州:福建人民出版社,2014年,第44-45页。

[③] 张立文:《中华伦理范畴与中华伦理精神的价值合理性》,《齐鲁学刊》,2008年第2期第13页。

出:"夫天地之气,不失其序。若过其序,民乱之也。"后来在此基础上,衍生出人的主观状态:一是指人的精神状态,如《管子》中所提的"精气";《左传·庄公十年》的"夫战,勇气也";《庄子·庚桑楚》中的"欲静则平气"。二是把"气"与人的情感、行为举止相联系,"民有好、恶、喜、怒、哀、乐,生于六气。"(《左传·昭公二十五年》)这里,虽然"气"与人的主观状态相关联,但从本质上讲更多地指的是与人相关的生理血气,并不具有伦理价值的意蕴。直到孟子"浩然之气"的提出,把"气"与"道""义"相配合,才使"气"真正具有了伦理学的内涵。

"节",古代指竹节。《说文解字·节部》云:"节,竹约也。"段玉裁注释说:"约,缠束也。竹节如缠束之状。"后用"节"指植物之节,《周易·序卦》中就指出:"其于木也,为坚多节。"古人常用竹子的"节"表示人的高尚道德状态,实际上是为了形容人具有竹节一样的品格。到了《左传》中,"节"的用法逐渐成熟,可以用来指礼节、节制,也可用来指法度、节度。进而由礼节引申出"操守、节操",表示对日常生活规定的礼节、道义的遵守,具备了伦理意蕴。如"圣达节,次守节,下失节之语"①,朱自清认为这是"节"的最初且重要的概念。由此可以看出,相比"气"而言,"节"先有了伦理之意。

最早把"气"和"节"联系在一起的是汉代的史学家司马迁。他在《史记·汲郑列传》中描述汲黯:"游侠,任气节,内行修洁,好直谏,数犯主之颜色。"在司马迁心中,耿直、不畏权贵就是有气节。自司马迁之后,历代典籍以及社会生活中,"气节"一词越来越广泛地被使用。班固的《汉书·原涉传》中说原涉有气节:"郡国诸豪及长安、五陵诸为气节者,皆归慕之。"范晔的《后汉书·马援传》中提到王莽从兄平阿侯仁之子的王磐"尚气节":"磐拥富资居故国,为人尚气节而爱士好施,有名江淮间。"《后汉书·耿夔传》中也有对耿夔"少有气节"的好评。虽然气节概念在汉代才正式形成,然而诸子百家中的道、墨、法三家思想中也有"气节"的内涵。如老子的"民不畏死,奈何以死惧之"(《老子·七十四章》);墨子的"使者操节"(《墨子·号令》);韩非的"其带剑者,聚徒属,立节操,以显其名,而犯五官之禁"(《韩非子·五蠹》)。但把气节看作一种优秀的道德品质和道德精神气质,最为突出的是孟子。他的"浩然之气"的提出,把儒家的气节观发展到了一个新的阶段,在一定意义上,代表了中国古代的道德精神,是中国传统伦理文化中气节观的核心。

二、"浩然之气"

孔子虽然没有明确提出气节概念,但其思想中已有气节的意蕴。"志士仁人,无求生以害仁,有杀身以成仁。"(《论语·卫灵公》)"三军可夺帅也,匹夫不可夺志也"是孔子对"气节"的表达。孟子的气节观是在继承孔子思想的基础上,把"气"与人的情感相联系,开展出"气"的道德性意义,赋予"气"德性内涵,提出了"浩然之气"。陈谷嘉先生认为:"在《孟子》一书中所强调的'浩然之气'实际上就是'气节',或者说后来的气节是由此'浩然之气'演变而成的。"②

何谓浩然之气?《孟子·公孙丑上》答曰:"我知言,我善养吾浩然之气。……其为气也,至大至刚,以直养而无害,则塞于天地之间。其为气也,配义与道;无是,馁也。是集义所生者,非义袭而取之也。行有不慊于心,则馁矣。"可见,相比于《管子》"精气说"中把"气"看作一种物质力量,孟子认为这里的"浩然之气"不是客观存在的物质,而是一种道德精神,具有价值取向、伦理规范内容。梁涛先生曾指出:"孟子强调'浩然之气''至大至刚''配义与道',具有伦理的内涵,是发自于仁义之心,贯穿于形体,充塞于天地之气。"③

首先,"至大至刚"是"浩然之气"的本性特征。"大",博也、宽广、没有边际;"刚",坚固、牢固。"至大"是说它作为精神力量,数量众多。"至刚"则指它的品性刚毅不屈。在孟子心目中,这种"浩然之气"

---

① 朱自清:《论气节》,朱乔森主编,《朱自清全集》(第三卷),南京:江苏教育出版社,1988年,第151页。
② 陈谷嘉:《儒家伦理哲学》,北京:人民出版社,1996年,第126页。
③ 梁涛:《"浩然之气"与"德气"——思孟一系之气论》,《中国哲学史》,2008年第1期,第15-16页。

可以使人顶天立地、无所惧怕，最高精神是献身精神，尤其当面对民族和国家的需要，个人能够不顾自身安危，以身殉道、舍生取义。

其次，"浩然之气"之所以是一种至大至刚的正气，"独与天地精神往来而不敖倪于万物"（《庄子·天下篇》），就在于它是"集义所生""配道与义"。这是孟子"气"的独创性体现，即赋予"气"之道德内涵。也就是说，"浩然之气"要由内心行仁、集义而生，而非"义袭而取之"。"气"由"志"所产生，发动并引导"气"，即"夫志，气之帅也；气，体之充也。夫志至焉，气次焉。故曰：'持其志，无暴其气。'"（《孟子·公孙丑上》）在这里，孟子突出"志"内涵中"义"的重要性，强调"义内"。它是产生精神力量的源泉，是一种意志驱动，给气节以支撑。没有配"义"与"道"的"气"，只是一种血气，一时表现勇敢，貌似刚强，如北宫黝之勇。孟子认为这种生理的自然血气应该接受道德理性的指引，才能成为"浩然之气"，只有"由志、道或义统率的气在他看来才称得上浩然正气和天地正气"。"志或对道的统率可以称作节。因此，浩然之气也就是有节之气，即气节。"①这样的道德品质与精神气质，会推动人的实践行动，个人拥有会自尊无畏，民族拥有会自强不息。

再次，"浩然之气"并非天生固有，应该"直养"，"无是，馁也"。它作为一种道德精神力量，需经过一定的实践过程才能实现，即通过平日修养积累而形成。也就是说，应持续以道、义培养"浩然之气"，不能中断，应循序渐进、尊重规律。"凡事有义，有不义，便于义行之。今日行一义，明日行一义，积累既久，行之事事合义，然后浩然之气自然而生。"②它不是主体从外的获取，而是主体的内求，所有的标准都在我心当中。气节通过主体的自愿选择而显现，发挥主体的能动作用，"反求诸己""万物皆备于我"，完全与外界无关。可见，培养"浩然之气"是出自主体的自愿行为，不能有功利目的，也就是孟子强调的"必有事焉而勿正，心勿忘，勿助长也"（《孟子·公孙丑上》）。正是由于能够不受社会环境的影响，才能内发于心，外化为行动。因此，在现实生活中主体才能够抵制诱惑，承受考验，做到"富贵不能淫，贫贱不能移，威武不能屈"（《孟子·滕文公下》）。也正是由于这种向内求之，正如黄俊杰先生所说："孟子将古代中国人观念中的'气'，加入道德内涵一事，深深地影响着往后中国人心灵的发展。"③

最后，这种"浩然之气"还体现在行为处事中把灵活性与原则性相结合。当孟子的弟子陈臻问孟子，为什么对宋君、薛君、齐王等君王的援助会采取不同的态度。孟子的主张是：之所以收了宋君的七十金和薛君的五十金，是因为"当在宋也，予将有远行。行者必以赆，辞曰：'馈赆。'予何为不受？当在薛也，予有戒心，辞曰：'闻戒。'故为兵馈之，予何为不受"（《孟子·公孙丑下》）？而不收齐王送的一百金，是因为"则未有处也。无处而馈之，是货之也"（《孟子·公孙丑下》）。在孟子看来，如果符合正道，不但这数十金可以接受，就是更大的财富也可以接受。所以孟子对彭更说："如其道，则舜受尧之天下，不以为泰，子以为泰乎？"（《孟子·滕文公下》）可见，孟子对金钱之利的辞受是取予原则："可以取，可以无取，取伤廉；可以与，可以无与，与伤惠；可以死，可以无死，死伤勇。"（《孟子·离娄下》）也就是说，在实际中的坚守气节主要是应坚持正道原则，只认死理儿、不知变通不叫气节。习总书记也指出："讲气节，要防止迂腐。……在原则问题上要讲策略。"也就是说，可以在原则允许的范围内采取灵活的举措，或者对形势可能的变化采取相应的对策。但是变通不能超出原则，一旦失去原则，其实质就是丧失气节。所以，孟子反对"万钟则不辨礼义而受之"，认为他失了气节。

可见，孟子的"浩然之气"是在承继古往以来前人思想的基础上，发展出"气"的道德性意义，尤其是肯定了人的道德主体。后来思想家对"气"观念的理解都受孟子"浩然之气"思想的影响。如《大戴礼记》中就接受了孟子赋予"气"以道德内涵的说法，提出从不同价值生发的气，考察人物的不同德性。"信气

---

① 陈刚：《论气节——中华气节观的意蕴、内涵与作用》，《学海》，2009年第1期，第116-117页。
② 黎靖德：《朱子语类》（第4册），北京：中华书局，1986年，第1263页。
③ 黄俊杰：《孟子》，北京：生活·读书·新知三联书店，2013年，第54页。

中易,义气时舒,智气简备,勇气壮直。听其声,处其气。考其所为,观其所由,察其所安。以其前,占其后;以其见,占其隐;以其小,占其大。此之谓视中也。"①虽然荀子思想中关于"气"的观念与孟子不同,但在《荀子·王制》篇中,荀子认为人与天地万物同时具有"气",所不同的是人除了具有"气"之外,尚需"义"才能成其为人②。由此可以看出,荀子的"气"之有"义"是受孟子的影响。只不过荀子强调"义"对人的社会性意义,论"气"的生物性增加,价值意蕴降低。孟子则主张"气"与人的主体性相关联,强调赋予"气"之道德内涵。荀子之后,虽然不同的时代赋予了气节不同的具体内容,但基本的主旨都受孟子"浩然之气"气节思想的影响。

三、"浩然之气"的实践品格

孟子"浩然之气"的道德气节思想,是通过大丈夫"富贵不能淫,贫贱不能移,威武不能屈"的行为实践完成的。孟子曰:"居天下之广居,立天下之正位,行天下之大道。得志与民由之,不得志独行其道。富贵不能淫,贫贱不能移,威武不能屈。此之谓大丈夫。"(《孟子·滕文公下》)朱熹注:"淫,荡其心也;移;变其节也;屈,挫其志也。三者不惑,乃可以为之大丈夫矣。"③清焦循《孟子正义》:"《吕氏春秋·古乐篇》云:'有正有淫矣。'高诱注云:'淫,乱也。'又《荡兵篇》云:'而工者不能移。'高诱注云:'移,易也。'《汉书·扬雄传》音义引诸诠云:'屈,古诎字。'《广雅·释诂》云:'诎,屈也。挫,诎折也。'是屈即挫也。男子行仁义之道,故富贵不能乱其心,贫贱不能易其行,威武不能挫其志,自强不息,乃全其为男子。全其为男子,斯得为大丈夫也。"④从以上朱熹和焦循的注释可以看出,在孟子看来,要成为大丈夫,必须具备"富贵不能淫,贫贱不能移,威武不能屈"这三种实践品格。

首先,对待功名利禄,孟子强调"富贵不能淫"、守志持身。

《说文解字》解释"淫,侵淫随理也",引申为过分、迷惑、惑乱等义。也就是说,当面对财富与地位的各种诱惑,孟子强调不骄奢淫逸、不为所动,时刻坚定人格立场,守志持身。然而气节不仅仅是守大义,更要约束自己的行为。其实就是应该正确地对待物质欲望。孔子就强调在富贵面前应保持尊严和气节,"不义而富且贵,于我如浮云"(《论语·述而》),"富与贵是人之所欲也,不以其道得之,不处也;贫与贱是人之所恶也,不以其道得之,不去也。君子去仁,恶乎成名?君子无终食之间违仁,造次必于是,颠沛必于是"(《论语·里仁》)。在义利之间,孟子虽然强调义的重要性,但并不排斥物质利益,只不过他认为应把道作为获得利益的前提。"非其道,则一箪食不可受于人;如其道,则舜受尧之天下,不以为泰"符合道义,则"后车数十乘,从者数百人,以传食于诸侯"也不过分;如果不符合道义,宁愿饿死,也不苟活。大丈夫更不能为富贵而"钻穴",丧失气节。"古之人未尝不欲仕也,又恶不由其道。不由其道而仕者,与钻穴隙之类也。"(《孟子·滕文公下》)有志于道者,能够正己正物、守志持身,时刻保持气节操守。

其次,对待贫穷,孟子主张"贫贱不能移",即"穷不失义,达不离道"(《孟子·尽心上》)。

"贫贱不能移"是指大丈夫修道立德,不因为穷变节、不为贱易志,坚定立场。孟子认为不变节,包含着不乞求、自尊自重。"一箪食,一豆羹,得之则生,弗得则死;呼尔而与之,行道之人弗受;蹴尔而与之,乞人不屑也。""志士不饮盗泉之水,廉者不受嗟来之食。"(《后汉书·乐羊子妻传》)所以孔子认为:"君子固穷,小人穷斯滥矣"(《论语·卫灵公》);庄子宁愿做个"孤豚""牺牛",也不愿去做王侯的宰相;陶渊明更是不愿为五斗米折腰:这是因为他们有傲骨、有气节。对于坚定立场,孟子强调艰苦卓绝的环境对品行、意志的磨炼和考验。在孟子看来,只有经受住考验,才能在贫贱面前不改变自己的行为,所谓"是故天将降大任于是人也,必先苦其心志,劳其筋骨,饿其体肤,空乏其身,行拂乱其所为,所以动心忍性,曾

---

① [清]王聘珍:《大戴礼记解诂》,北京:中华书局,1989年,第191页。
② [清]王先谦:《荀子集解》(卷五),北京:中华书局,1988年,第104-110页。
③ [宋]朱熹:《孟子集注》,上海:上海古籍出版社,2013年,第77页。
④ [清]焦循:《孟子正义》,北京:中华书局,2015年,第151页。

益其所不能"(《孟子·告子下》)。然而,"贫贱""穷"不仅指生活穷困,更主要的是指"不得志",也就是身处逆境。"大丈夫"要"穷不失义,达不离道"(《孟子·尽心上》),是说穷困潦倒的时候,要坚持不失道义;得意的时候,应坚持不离道义。用习总书记的话来讲,就是"不忘初心"。孟子认为,不管"行其道"还是"离道","由义"还是"失义",皆取决于个人的信念与意志,正所谓:"君子所性,虽大行不加焉,虽穷居不损焉,分定故也。"《孟子·尽心上》"孟子这一思想后来成为儒者的重要传统,影响深远。范仲淹《岳阳楼记》中就明确标举了孟子的这种人生观:'居庙堂之高,则忧其民;处江湖之远,则忧其君。'"①

最后,面对权贵,孟子强调"威武不能屈"。"威武不能屈"是一个人道德气节精神最集中的体现。即在强权面前,宁死不屈。孟子反对"同乎流俗,合乎污世;居之似忠信,行之似廉洁"(《孟子·尽心下》)的"乡原"者、"枉尺直寻"者和"胁肩谄笑"者,鄙视"不由其道"而仕的纵横之士,认为这些人不问是非、迎合权贵,向权力屈节、妥协,为了自己的私利损害士的声望,丧失了"志士不忘在沟壑,勇士不忘丧其元"的气节(《孟子·滕文公下》)。因此,当面对权贵时,孟子坚守正道,敢于蔑视王侯权贵,即使在君王面前也不会做出任何让步,藐视君王,显现出他"威武不能屈"的实践品格。具体表现在他的言行"君之视臣如草芥,臣之视君如寇仇"(《孟子·离娄下》);"说大人,则藐之,勿视其巍巍然""我得志弗为也。在彼者,皆我所不为也;在我者,皆古之制也,吾何畏彼哉"(《孟子·尽心下》)?"彼丈夫也,我丈夫也,吾何畏彼哉"(《孟子·滕文公上》)?"君子引而不发,跃如也。中道而立,能者从之"(《孟子·尽心上》)。孟子"威武不能屈"的实践品格,不仅是以道蔑视王权,还体现在面对杨墨之言流天下时,他捍卫自己的学说:"我亦欲正人心,息邪说,距诐行,放淫辞,以承三圣者。……能言距杨墨者,圣人之徒也";在道义和生命不可兼顾的情况下,继承孔子"杀身成仁"的精神,选择"舍生取义":"鱼,我所欲也;熊掌,亦我所欲也,二者不可得兼,舍鱼而取熊掌者也。生,亦我所欲也,义,亦我所欲也,二者不可得兼,舍生而取义者也。生亦我所欲,所欲有甚于生者,故不为苟得也;死亦我所恶,所恶有甚于死者,故患有所不辟也。"(《孟子·告子上》)后世许多仁人志士都受孟子"威武不能屈"实践品格的影响。如西汉时的苏武奉命出使匈奴,被拘后不改变志向;文天祥在南宋存亡之际,奋勇抗敌;明代的东林党人,面对宦官专权,直议朝政不畏强权,即使遭到迫害依然刚正不屈。

总之,孟子认为,一个具备"浩然之气"精神品质的人,才能做到"富贵不能淫,贫贱不能移,威武不能屈""仰不愧于天,俯不怍于人",真正称得上大丈夫。这样的大丈夫不会放弃原则去迎合他人,不会为了荣华富贵改变初心,大丈夫所为:"时而处富贵,虽丰华荣宠,不能荡其心;时而处贫贱,虽穷困厄约,不能变其节;时而遇威武,虽存亡死生之间,不能挫其志。"②所以说,只有懂得了大丈夫"富贵不能淫,贫贱不能移,威武不能屈"的实践品格,才能懂得中华民族的真精神。

四、"浩然之气"气节观对后世的影响

以孟子"浩然之气"为代表的先秦儒家的气节观,到秦汉时期,成为侠义之士与士大夫的行为准则。司马迁在《史记》中第一次把"气"和"节"合起来使用,其"气节"包括孝、信、廉、义、礼、勇、忠等意,比起先秦时期的内涵有所丰富。刘向则继承了这一思想并使之进一步发展,把忠于国家和忠于民族当作气节观的重要内容,主张"崇忠守节"。相对于两汉时人们对于"忠国"的坚守,魏晋南北朝时期随着朝代的不断更迭,很多名士如詹海云教授在《气节观的词源、流变及其在中国文化中的价值》中指出:"挥麈清谈,却又招权纳贵,屈折气节以从己。或以隐士追求高旷,持守'明哲保身'的'节',减弱'道济苍生'的'勇往直前'的'气'。"③他们的言行使得"守节减气"成为这一时期气节观的突出表现。唐代,是中国古代空前绝后的盛世。在这个时代,人们所追求的是发挥个人才智、建功立业、名扬四海。因此,唐人气节观的表现与魏晋南北朝时的"明哲保身"不同,呈现出"气义"并举的特点,注重人格尊严、精神的升华。宋代是

---

① 韩星:《孟子的大丈夫人格及其历史影响》,《孔子研究》,2014年第3期,第12页。
② 陈生玺:《张居正讲〈孟子〉》(上),上海:上海辞书出版社,2007年,第15页。
③ 詹海云:《气节观的词源、流变及其在中国文化中的价值》,《南京师大学报》(社会科学版),2011年第3期,第30页。

中国古代气节观内涵发生变化的关键时期,其气节思想的内涵也发生了变化,以天理为基础,把"三纲"推为最高信条,强调"忠君守节"即君主的至上性。对于士大夫而言,君即道,为君殉死,不事二主的忠节就是臣子的气节。在孔孟那里提到的"从道不从君"的"气节"被"死事一主"的"忠节"所取代,法家的忠臣概念此时真正被纳入儒家的"气节"范畴。相比于宋代的"忠君守节",明代道德气节观的内涵带有明显的心学特质。明朝士大夫认为,道和义为气之贯,是为节。气节皆人心所秉有,不须外求,乃是自身的修为,是我所具有的良知良能。不管是崇仁持节的于谦,还是安贫乐道的海瑞,都深受心学的影响。但到了明清之际,随着民族矛盾的加深和封建专制制度的腐败,在新的历史条件下,先进的知识分子对宋代以君至上的气节观念进行了批判,继承了先秦时期儒家的道德气节内涵思想,尤其是孟子的"浩然之气",倡导"守仁立节"。黄宗羲"豪杰之士"的人格思想,顾炎武"天下兴亡,匹夫有责"的号召,王夫之行仁义的操守和气节以及魏源的"立德、立言、立功、立节"的"四不朽",都是其具体表现。

由以上可以看出,虽然在秦汉之后,儒家气节观念在一定程度上发生了变异,如宋代随着封建化的加强,"使先秦原初意义上表示知识分子对于道的持守逐渐为'忠君'的观念所取代,对气节观的理解也发生了一定程度的扭曲"[①]。但到了近代,这种道德气节观念中体现的道德上的自我觉醒、强烈的道德义务感和社会责任感、内在超越的道德境界,在国家生死存亡之际,显示出了巨大的精神力量。尤其是这种传统为中国共产党人所继承发扬,发展成既具有传统的儒家思想优秀内涵,又与传统思想有质的区别的共产党人的革命气节,使得一批批共产党人在事关国家利益时,能够刚正不阿、不畏权贵;在民族兴亡时,能够挺身而出;在陷入囹圄时,视死如归不卑躬屈膝,为维护民族尊严抛头颅、洒热血,甚至牺牲生命。中华民族的历史若没有这些"杀身成仁""舍生取义"的英雄,不可能有今天的辉煌成就。

五、现代价值

季羡林先生曾指出:"在世界各国伦理道德的学说和实践中,没有哪一个国家像中国这样强调气节。"[②]人无骨不立,民族无气节不存。中华民族之所以不同于其他民族,在于其独特的精神气质。其自身所蕴含的自强不息与坚贞不屈,其源头来自儒家的气节观念。在国难当头的革命战争年代,这种精神气质表现为"舍生取义"的民族气节,致使无数革命先辈为了国家、民族的利益,不惜牺牲自己的生命。在今天,这种精神气质表现为面对当前复杂的国际形势,尤其是面对他国的强权,中国人不卑不亢、有礼有节地应对。因此,一个国家民族精神气质的养成,气节精神教育不可或缺。

尤其是在现代社会,财、色、名、利是对每个人最实际的考验。有的人在钱色的驱使下,失去了自我;在灯红酒绿的诱惑下,迷失了本性;在名利场上,唯利是图;甚至有些共产党员忘记了自己入党时的誓言,贪污受贿、腐败堕落、以身试法,丧失了共产党人应有的气节。在这种情况下,我们更应该大力弘扬中国优秀传统伦理文化中的气节精神,使个体培养一种坚毅的道德品格,激励人们不为物欲所累,不屈从权位。在面对公与私、义与利、善与恶的道德实践中,能够坚持自身的道德原则,发扬气节精神中求之于内的"尚志""尽心""自省"和"富贵不能淫,贫贱不能移,威武不能屈"的实践品格,自觉维护个体的道德尊严,捍卫个体的道德底线,坚定自己的人生信念,实现人生价值。但应当注意的是,不媚世、不流俗、"独善其身"是远远不够的。也就是说,不能只求个体道德品性的完美,还应重视规范伦理的社会秩序整合作用,外求社会的良好环境。我们应当有勇气与生活中不合理的丑陋现象作斗争,弘扬社会正气,净化社会道德环境,树立良好的社会风尚。

---

① 肖群忠:《先秦儒家气节观及其现代意义》,《深圳大学学报》(人文社会科学版),第2007年第6期,第45页。
② 季羡林:《学问之道》,沈阳:沈阳出版社,2009年,第77页。

科技伦理

技术的物性与德性之思

陈爱华

(东南大学 人文学院,江苏 南京 210096)

摘 要:当代技术面临的伦理困境就其本质而言,是技术的物性与德性张力问题。技术的物性是指技术蕴含的客观物质性、实践性。技术的德性是指技术蕴含的善的目的及其实现,包括技术的理智德性、道德德性与其中隐含的审美德性三重维度的整合。由于受当下的短期利益或者受资本逻辑(盈利为目的)等方面的驱使,技术物性与技术德性三重维度的张力结构处于失衡状态,尽管现在技术的物性发展到极致,而技术的伦理困境却积重难返,其中突出地表现为大数据与人工智能的伦理困境。为了超越当代技术的伦理困境须追问"技术因何创造(发明)"的初心,坚持"负责任的创新"并"按照美的规律来建造",构建关于技术物性与德性张力结构,强化其监督管理机制、建立健全相关的法律法规,确保技术物性开发利用的成果及其应用安全效益最大化。

关键词:技术;物性;德性;张力

技术是人类史与自然史的交汇,因而技术具有其物性与德性的双重属性。技术时代的伦理困境就其本质而言,是技术的物性与德性相互关系或曰张力[①]问题。如果我们把关注的重心仅仅聚焦于技术的物性及其功能,忽视了技术德性尤其是技术道德德性及其对技术物性的引领作用或者出于某种利益需要肢解了技术德性,都可能会陷入"杰文斯悖论"[②],无法摆脱当前技术时代的伦理困境;反之,如果我们把关注的重心仅仅聚焦于技术的德性及其功能,忽视了技术的物性与技术德性的张力,就会使得技术德性流于空谈,而对于超越当前技术时代的伦理困境无法产生实质性的影响。因而,只有注重技术的物性与德性张力探讨,才有可能探寻走出当前技术时代的伦理困境的方略。

一、技术的物性与德性辩证

技术一般泛指基于生产实践经验与自然科学原理的各类工艺操作方法与技能;还可以扩展为相应

基金项目:本文系国家社科基金重大招标项目"广义逻辑悖论的历史发展、理论前沿与跨学科应用研究"(项目编号 18ZDA031)、国家社科基金西部项目"自媒体的道德治理研究"(项目编号 18XZX016)及江苏道德发展智库"科技伦理研究"项目阶段性研究成果。

* 作者简介:陈爱华,女,江苏省海门市人,东南大学人文学院教授、博士生导师,东南大学科学技术伦理学研究所所长,江苏省道德发展研究院研究员,研究方向:科学伦理学、生态伦理学、国外马克思主义哲学、逻辑学等。

① 参见陈爱华:《科学伦理的形上维度》,《哲学研究》2005 年第 11 期。

② 威廉·斯坦利·杰文斯(1835—1882)是著名的英国经济学家,因创立边际效用主观价值理论,成为近代新古典经济分析的创始人之一。杰文斯最初却是以他的《煤炭问题》(The Coal Question)一书在国内成名。杰文斯认为,提高自然资源的利用效率,比如煤炭,只能增加而不是减少对这种资源的需求。因为效率的改进会导致生产规模的扩大(参见福斯特:《生态危机与资本主义》,耿建新、宋兴无译,上海:上海世纪出版股份有限公司译文出版社 ,2006 年,第 88 页)。

的生产工具和相关设备,以及相应的生产工艺过程、作业程序或方法①。然而,在现实生活世界,技术更是满足人们和社会需要的一种活动。正是在技术活动中,作为技术活动的主体才积累了上述的生产实践经验,在相关的生产工艺过程中学会运用自然科学原理,进而形成了各类工艺操作方法、作业程序,获得了相应的技能,与此同时,生产出了生产工具和相关设备。因而,作为技术活动不仅包括技术活动主体及其活动的目的,也包括其相应的客体,其中有诸如技术活动的对象、相关的工具设备与相关的工艺操作方法及作业程序。因而,技术活动亦蕴含技术的物性与德性。这正如卢卡奇对于自然概念所做的分析:"自然是一个社会的范畴。这就是说,在社会发展的一定阶段上什么被看作是自然,这种自然同人的关系是怎样的,而且人对自然的阐明又是以何种形式进行的,因此自然按照形式和内容、范围和对象性应意味着什么,这一切始终都是受社会制约的。"②

技术的物性指技术蕴含的客观物质性、实践性。前者是基于自然科学原理及其相关工艺及程序对自然物加工或者由自然物生成人工物等进行加工;后者是基于生产实践经验生成的工艺操作方法、作业程序与(生产实践主体的)技能等。技术的物性似乎是不言而喻的,因为无论是各类工艺操作方法与技能,还是相应的生产工具和相关设备,以及相应的生产工艺过程、作业程序或方法都直接体现或者间接地蕴含了技术的物性特征。

技术的德性是指技术蕴含的善的目的及其实现。如同亚里士多德所指出的,"每种技艺的研究,同样地,人的每种实践与选择,都以某种善为目的"③。技术德性在通过技术活动其实现善的目的过程中,蕴含了三重德性的整合,是亚里士多德在《尼各马可伦理学》中提出的理智德性、道德德性与其中隐含的审美德性的整合。

技术的物性与技术的德性两者的相互关系,无论从其历时性视域,还是从其共时性视域分析,始终是互为表里,相互作用,如同一双螺旋结构不断向前推进。其中技术的物性由于有其客观性、物质性和实践性,因而总是处于相对的显性层面,而技术的德性相对地处于隐性层面,虽然隐而不显,但对于技术的物性发展走向始终起着价值引领作用;而作为显性层面的技术物性,其每一发展样态则凝聚着技术德性的内在诉求。比如技术德性的"因何创造(发明)"始终引领技术的物性"创造(发明)什么""怎么创造(发明)"。由于技术德性蕴含了三重德性的整合,因而其在与技术物性相互作用过程中亦体现了三重德性引领的整合。

二、技术德性与技术物性的三重张力

技术的理智德性是引领技术物性张力的首要环节。因为技术的理智德性是为实现善的目的,所以须基于相关的自然科学原理设计各类工艺操作方法,按照相应的生产工艺过程、作业程序操作相关的生产工具和设备。简言之,技术的理智德性是合规律性与合目的性的统一,体现了"尊德性而道问学,致广大而尽精微"(《礼记·中庸》)的真与善之契合。无论人类早期制造和使用工具,还是当代信息网络时代的人工智能等高技术产品的研制过程,都需要弄清"创造(发明)什么""怎么创造(发明)",都须遵循技术物性运作的规律——科学规律,以合规律性与合目的性的统一统摄技术物性运作的全过程。

技术的道德德性是引领技术物性张力的关键环节。因为技术的道德德性蕴含了技术物性运作的顶层(伦理)设计、技术物性运作过程的伦理监督、技术物性运作成果的伦理评价和技术物性运作成果运用的伦理追踪。简言之,技术的道德德性是自律性与他律性的统一,因而体现了内得于己,外得于人——得与德的相通与契合。因此,从人类开始制造和使用工具,一直到现在信息网络时代的人工智能等高技术产品的研制过程,无不需要追问"因何创造(发明)"的初心,进而追问"创造(发明)什么""怎么创造(发

---

① 辞海编辑委员会:《辞海》1999年缩印本,上海:世纪出版集团、上海辞书出版社,2002年,第769页。
② 卢卡奇:《历史和阶级意识》,杜章智等译,北京:商务印书馆,1995年,第318-319页。
③ 亚里士多德:《尼各马可伦理学》,廖申白译,北京:商务印书馆,2008年,第3页。

明)"；与此同时，还须追问"创造(发明)的结果和效用如何"，进而再反馈至技术物性运作的顶层(伦理)设计，对其进行修订或者改善或者更新换代……，如此往复，体现了"没有最好，只有更好"的"厚德载物""自强不息"(《周易·乾》)的精神与"止于至善"(《礼记·大学》)的探索精神。这意味着，只要技术物性运作不停止，技术的道德德性引领及其运作过程也不会停止。

技术的审美德性是引领技术物性张力的重要环节。因为技术的审美德性蕴含了技术物性运作的顶层(审美)设计、技术物性运作过程的审美监督、技术物性运作成果的审美评价和技术物性运作成果运用的审美追踪。这不仅体现了人与动物的区别，而且体现了技术活动主体的审美智慧。荀子在比较人与动植物的区别时指出："水火有气而无生，草木有生而无知，禽兽有知而无义，人有气、有生、有知，亦且有义，故最为天下贵也。"(《荀子·王制》)马克思从生产的视域对人与动物进行了精辟的比较：动物只生产它自己或它的幼仔所直接需要的东西，因而"动物生产是片面的，而人的生产是全面的"；"动物只生产自身，而人在生产整个自然界"；"动物的产品直接同它的肉体相联系，而人则自由地对待自己的产品"；"动物只是按照它所属的那个种的尺度和需要来建造，而人却懂得按照任何一个种的尺度来进行生产，并且懂得怎样处处都把内在的尺度运用到对象上去。"① 因此，人是"按照美的规律来建造"②。简言之，技术的审美德性是臻善—求真—达美的统一，因而体现了真善美的相通与契合。以此再反馈至技术物性运作的顶层(审美)设计，对其进行修订或者改善或者更新换代……，如此往复，体现了"没有最美，只有更美""爱人利物"(《庄子·外篇·天地第十二》)之审美追求与审美仁德之境界。这意味着，只要技术物性运作不停止，技术的审美德性引领及其运作过程也不会停止。

然而，技术物性与技术德性三重张力在现实的运作过程中，由于受当下的短期利益，或者受资本逻辑(盈利为目的)，或者受技术活动主体的好奇心，或者是军备竞赛等方面的驱使，来发展与控制技术的物性与技术德性张力运作，使得技术物性与技术德性三重张力处于异化的失衡状态——技术的物性仅与技术的理智德性单向度的互维运作，尽管现在技术的物性发展到极致，而技术的伦理困境却愈陷愈深，波及的面越来越广，涉及的领域越来越多。

三、技术的伦理困境：技术德性与物性异化的历史样态

从历时性视域看，技术的伦理困境早在技术发展的早期就已呈现。恩格斯在《劳动在从猿到人转变过程中的作用》一文中所列举的美索不达米亚、希腊、小亚细亚，以及其他各地的居民想得到耕地而砍伐森林的例子，表明了这一时期技术的伦理困境：技术德性异化以短期获益的价值目标指向，引领这一时期的技术物性运作，最终损失了长远利益——被砍伐地带成为不毛之地。近代以来，随着资本主义生产方式的发展，科学技术获得了长足的进步。然而，资本逻辑的运作使得技术的伦理困境进一步加剧。其原因正像马克思所说，在资本主义生产方式下，科学技术成为生产财富的手段，成为致富的手段③。这样，以盈利为目标的资本逻辑使得技术德性进一步异化，进而操控技术物性的运作，资本逻辑"渗透到社会生活的所有方面，并按照自己的形象来改造这些方面"④。尽管技术的物性被淋漓尽致地发挥，然而其结果，如同霍克海默指出的那样，"经济在很大程度上被垄断控制，然而在世界范围中，它又分崩离析、混乱不堪。它虽然更加发达，然而比以往更无力使人类摆脱困境"⑤。因为"更加美好和公正的社会，是一个缠绕着罪恶感的目标"⑥，而"技术的完善、商业和交往的扩大、人口的增加，都迫使社会走向一种更

---

① 参见《马克思恩格斯全集》第42卷，北京：人民出版社，1979年，第96-97页。
② 《马克思恩格斯全集》第42卷，北京：人民出版社，1979年，第97页。
③ 参见《马克思恩格斯全集》第47卷，北京：人民出版社，1979年，第570页。
④ [匈]卢卡奇：《历史和阶级意识》，杜章智等译，北京：商务印书馆，1995年，第145页。
⑤ 霍克海默：《批判理论·科学及其危机札记》，李小兵等译，重庆：重庆出版社，1989年，第6页。
⑥ 霍克海默：《批判理论·序言》，李小兵等译，重庆：重庆出版社，1989年，第5页。

加严厉的管理形式中"①。弗洛姆则指出,最民主、最和平、最繁荣的欧洲国家,以及世界上最昌盛的美国,"显示出了最严重的精神障碍症的症状"②。

当代,随着信息网络与计算机技术及其相关高技术的迅猛发展和经济发展的全球化,一方面进一步加剧了以盈利为目标的资本逻辑对技术德性的异化和对于技术物性的强势运作,另一方面,由于技术的物性与德性发展的不平衡,即技术物性发展的超前性,而技术德性发展的相对滞后性,加之未有与之匹配的相关立法与法规,技术的伦理困境呈现出前所未有的多元化、多样化样态。这些多元化、多样化样态不仅在经济、军事、文化、医疗健康和人们的日常生活方面呈现,而且与大数据和人工智能密切相关,并且突出地呈现为大数据和人工智能伦理困境。

首先,引起广泛关注的是大数据技术引发的技术伦理困境主要表现在以下几个方面:一是产生了隐私泄露和信息安全的伦理困境③。一般说来,只要个人在使用网络,就会留下使用数据的痕迹④,这些数据中既有主动产生的又有被动留下的,而个人对其应该有自主的存储权、知情权、使用权或者删除权等权利,然而在很多情况下,个人却难以完全行使这些权利。尤其是目前的大数据存储技术对于数据的记忆力几乎无限⑤,加之大数据具有自由、公开、共享等特征,很容易将人们的一些隐私或隐秘数据泄漏并上传网络。这种事件一旦发生将会伤及许多的相关人员。二是比上述更加令人恐惧的是"数据智能及其算法使得反映人的特征与行为的数据画像成为其数据孪生",这不仅可能剥夺或削弱上述个人的诸方面的权利,还会令这些个体"被消解为'分格',甚至沦为数据僵尸"⑥。三是大数据的马太效应⑦产生了数据鸿沟的伦理困境⑧。《新旧约全书·马太福音》第 25 章中曰:"凡是有的,还要加倍给他,让他拥有更多;对于没有的,连他仅有的,也要从他手中夺去。"而老子在《道德经》中曰:"天之道,损有余而补不足。人之道,则不然,损不足以奉有余。"美国著名科学社会家罗伯特·默顿则以老子所说的"损不足以奉有余"描述科技奖励中出现的这种"马太效应"。在当今的大数据时代,那些有能力利用并占有大数据资源的个人或者团队在运作大数据资源的同时,还促进了其他各类资源的汇聚,比如我国互联网的发展,目前已形成以百度、腾讯和阿里巴巴为首的三大巨头;而另一些可能无法占有或者即使能占有却不会利用大数据资源的个人或者团队,由此形成了数据鸿沟,进而使得信息红利分配不公,加剧了人与人之间的差异或社会矛盾。另外,数不胜数的插入式广告、虚假信息与"网络欺凌"⑨现象困扰着人们的日常生活,影响网络人际和谐与人-机关系的和谐。

其次,基于人工智能的技术伦理困境表现为:一方面,人工智能的"万物互联"性正日益呈现,其中包括智能家居、自动诊疗、无人驾驶、智慧城市等;另一方面,亦带来一系列的伦理问题:一是人工智能使得人的尊严和地位遭到了威胁或者动摇,由此不仅衍生出复杂的伦理、法律和安全问题,而且"数据智能所带来的解析社会首先表现为每个人的行为都会得到量化的评价",而这些"评价一旦出现偏差,不仅很难加以纠正,而且会被视为一种合理的结论,使偏差持续强化而造成恶性循环,甚至会通过数据的跨领域运用导致附加伤害"⑩。尽管目前人工智能还处于弱人工智能的阶段,但经过一定的积累,强人工智能

---

① 霍克海默:《批判理论·序言》,李小兵等译,重庆:重庆出版社,1989 年,第 4 页。
② [美]E.弗洛姆:《健全的社会》,孙恺祥译,贵阳:贵州人民出版社,1994 年,第 7 页。
③ 参见杨维东:《有效应对大数据技术的伦理问题》,《人民日报》2018-03-23。
④ 参见黄欣荣:《大数据时代的伦理隐忧》,《大众日报》2015-06-25。
⑤ 参见周涛:《数据时代的伦理困境》,《北京日报》2018-06-04。
⑥ 段伟文:《面向人工智能时代的伦理策略》,《当代美国评论》,2019 年第 1 期。
⑦ 参见谢清禄:《阿里与杭州的崛起:马太效应的经典实践》,京燕网 2019-05-11。
⑧ 参见吴冠军:《人工智能与未来社会:三个反思》,《探索与争鸣》,2017 年第 10 期;杨维东:《有效应对大数据技术的伦理问题》,《人民日报》2018-03-23。
⑨ 参见朱颖、陈坤明:《基于"社会化媒体平台"的公益传播伦理困境》,《今传媒》2017-04-06。
⑩ 段伟文:《面向人工智能时代的伦理策略》,《当代美国评论》,2019 年第 1 期。

时代很可能会不期而至①。人工智能还带来其更大的潜在伦理风险：如果说，基因编辑技术可能动摇作为以往一切社会文明基础的自然秩序，其更大危险是世界物种的多样性乃至人种的多样性会成为少数垄断技术和力量的狂人的家族操控②，那么人工智能的发展，不仅"为作为文明劣根性的犯罪行为拓展了更为广阔的空间"③，而且人具有各种不同的奇思妙想和几百万年进化获得的不同创发力和审美情趣将趋同于人工智能、依附于人工智能，而人自身的智能除了学会使用人工智能的操作，其他将退化或被消解。如同现在的智能手机将记事本、通讯录、网络支付、各类电子阅读文本、语言、翻译、邮件、微信、视频、音乐、广播电视、遥控等都囊括于其中，正所谓"一机在手，样样都有"，因此，目前人们对于手机已经达到前所未有的依赖性。一旦离开了手机，人们似乎一无所有。而智能手机的当下效应，也将是人工智能的未来效应。看当下智能机器人（弱人工智能）进入健康、生活、教育、培训和娱乐等领域④，它们辅导幼儿、少儿、青少年学习，以后将由强人工智能全面掌控大学教育和自主式学习⑤，甚至各行各业乃至家庭生活，以至于人类独特的情感⑥亦均由弱或强人工智能掌控，所有这一切，如果离开了技术德性的制约和伦理道德的引导及法律法规的制约，也许在人工智能高度发展的同时，将导致人类自身文明的消解与毁灭。二是人工智能发展近期带来的威胁之一可能让很多蓝领工人和下层白领失去现有的工作岗位。因为据麦肯锡发布有关人工智能的报告称，全球约50％的工作内容可以通过改进现有技术实现自动化⑦。那么如何安置失业人员？如何调适社会与人，人与人工智能的关系？仅仅从技术的物性层面考量是难以奏效的；退一步说，即使从技术的物性层面获得一定的成效，也只能是权宜之计——缓解当下，却难以产生长期效应；与此同时，这种权宜之计可能又产生新的伦理困境。

四、当代技术伦理困境的超越与技术物性-德性的张力

从历史的维度看，技术的伦理困境无论是在技术发展的早期，还是当代互联网大数据时代的人工智能都是受制于当下的短期利益，或者是资本逻辑（盈利为目的），或者是科技的好奇心，或者是军备竞赛驱使发展与控制，将技术物性与异化了的技术德性单向度运作。技术德性中的道德德性之得与德的相通与契合被搁置，甚至缺位；技术审美德性之真善美的相通与契合异化为"眼球经济学"或者"颜值经济学"；技术理智德性中的"合规律性与合目的性的统一"，其原初造福人类的目的被上述的诸种异化了的目的取而代之，"尊德性而道问学，致广大而尽精微的真与善之契合"被肢解为单向维度"道问学"之真，而置"尊德性"于不顾，尽管在技术物性层面"致广大而尽精微"——无论是对技术物性开发的深度还是广度，计算的精度与速度，关涉的领域之广，涉及的维度之多，对人—社会—自然影响之大，都无与伦比。然而，当代技术的伦理困境非但没有解除，还越来越向深层次进发，其伦理风险与控制危机愈发加重。环境危机、人与自然的伦理困境已经让人应接不暇，基因编辑婴儿再次引发生命伦理困境，数据智能及其算法的伦理困境更是前所未有，因为这些反映人的特征与行为的数据镜像直接关涉人的隐私泄露与评价，挑战人的尊严；人工智能不仅挑战人的存在何以必要的存在底线，而且使得人类自身的文明和精神家园有颠覆之虞。

过去人们总是乐观地认为尽管科学技术成果及其应用有可能造成各种危害或者风险，但只要"借助

---

① 参见计红梅：《拐点中的人工智能面临伦理抉择》，《中国科学报》2017-04-25。
② 参见樊浩：物理与人理《中国学者心中的科学与人文——科学人文关系卷》，昆明：云南教育出版社，2002年。
③ 同上。
④ 参见段伟文：《机器人伦理的进路及其内涵》，《科学与社会》(S&S)，第5卷2015年第2期。
⑤ 参见于泽元、尹合栋：《人工智能所带来的课程新视野与新挑战》，《课程·教材·教法》，2019年第2期。
⑥ 参见张显峰：《情感机器人：技术与伦理的双重困境》，《科技日报》2009-04-21。
⑦ 参见计红梅：《拐点中的人工智能面临伦理抉择》，《中国科学报》2017-04-25。

科技人们总能找到应对之策"。然而,无论是弱人工智能,还是强人工智能,如果产生危害,就"不是一般意义上的工具与技术运用的潜在负面效应,而是在创造物的能力超越创造者的层面发生"①。这就警示我们,仅仅关注技术物性与技术理智德性单向维度的张力是不够的,必须注重技术物性与德性三重维度整合的张力,尤其是技术的道德德性对于技术理智德性和审美德性的统摄及其对技术物性的引领,才能探寻超越当代技术的伦理困境的路径。

首先,超越当代技术的伦理困境须追问"技术因何创造(发明)"的初心,以技术的道德德性统摄技术理智德性和审美德性,三重技术德性的整合中强化对技术物性开发利用的顶层设计,摆脱资本逻辑(盈利为目的)强势操控。正如有学者指出的那样,现在的智能机器实际上是资本、知识和权力结构下的产物②,或者说,在资本逻辑操控下运作技术的物性与技术的理智德性,其目的是为了实现资本逻辑操控下的资本盈利与控制权力的最大化。福斯特指出:"到目前为止,杰文斯悖论仍然适用,那就是,由于技术本身(在现行生产方式的条件下)无助于我们摆脱环境的两难境况,并且这种境况随着经济规模的扩大而日趋严重。"③福斯特所说的境况同样也是当代技术伦理困境的样态。因此,在技术物性与技术德性三重维度整合的张力的运作中,须追问"技术因何创造(发明)"的初心:一是必须坚持以促进"人与自然生命共同体和谐共生"④为己任。关于自然,马克思早在《1844年经济学哲学手稿》中就指出,从理论上说来,自然界一方面作为自然科学的对象和艺术的对象,都是人的意识的一部分,因而,"是人的精神的无机界,是人必须事先进行加工以便享用和消化的精神食粮";从实践领域说来,自然界也是人的生活和人的活动的一部分,人在肉体上只有靠这些自然产品才能生活⑤。因此自然界,就它本身不是人的身体而言,"是人的无机的身体",同时也是"人为了不致死亡而必须与之不断交往的人的身体"。⑥ 因而人类必须尊重自然、顺应自然、保护自然。人类只有遵循自然规律才能有效防止在开发利用自然上走弯路,人类对大自然的伤害最终会伤及人类自身⑦。作为技术活动的主体须像对待生命一样对待生态环境,在技术物性与技术德性三重维度整合的张力中,积极构筑尊崇自然、绿色发展的生态体系。二是须秉承科学技术造福人类的初心,须遵循珍爱生命的伦理精神。这里所说的"珍爱生命"不仅仅是生态伦理意义上和生命伦理意义上对人的生物体生命的珍爱,还包括对人的生命权、生存权、工作权、隐私等的尊重。科学技术从其最初的萌芽就是要让人摆脱自然的奴役,争取生命与生存的空间或者权力。现在虽然进入了互联网、大数据和人工智能时代,但是秉承科学技术造福人类的初心不能变,为此必须遵循珍爱生命的伦理精神,以技术物性与技术德性三重维度整合的张力中对"能做"底线进行"应做"的设定。这是人与动物的根本区别所在。马克思指出,"动物和它的生命活动是直接同一的。动物不把自己同自己的生命活动区别开来"。而"人则使自己的生命活动本身变成自己的意志和意识的对象。他的生命活动是有意识的。"⑧因此,技术活动主体必须就技术德性的三重维度对其"能做"进行甄别和抉择,期间既不是受自己的好奇心驱使,也不是受一己私利或者眼前的短期利益驱动,更不是受资本逻辑的操控,而是秉承科学技术造福人类的初心和使命,以珍爱生命的伦理精神,才能坚守"技术因何创造(发明)"的初心,达到得与德的相通与契合,自律性与他律性的统一。

其次,超越当代技术的伦理困境还须在对技术物性开发利用的过程中,坚持以技术的三重德性为引

---

① 段伟文:《机器人伦理的进路及其内涵》,《科学与社会》(S&S),第5卷2015年第2期。
② 参见计红梅:《拐点上的人工智能面临伦理抉择》,《中国科学报》2017-04-25。
③ 福斯特:《生态危机与资本主义》,耿建新、宋兴无译,上海:上海世纪出版股份有限公司译文出版社,2006年,第96页。
④ 习近平:《十九大报告》,《人民日报》2017-10-19。
⑤ 参见《马克思恩格斯全集》第42卷,北京:人民出版社,1979年,第95页。
⑥ 《马克思恩格斯全集》第42卷,北京:人民出版社,1979年,第95页。
⑦ 参见习近平:《十九大报告》,《人民日报》2017-10-19。
⑧ 《马克思恩格斯全集》第42卷,北京:人民出版社,1979年,第96页。

领,进行"负责任的创新"①,并且"按照美的规律来建造":一是须在技术物性开发利用项目的决策阶段追问"创造(发明)什么",进而对其伦理风险②进行预测与评估,并且须研究规避或者应对相关伦理风险的方略。这里所说的"伦理风险"不仅包括项目本身技术的伦理风险,还有项目连带的对人—社会—自然的伦理风险,其中不仅须预测与评估显性伦理风险,亦须预测与评估隐性伦理风险;不仅预测与评估失败的伦理风险,亦须预测与评估成功的伦理风险。在某种程度上可以说,成功的伦理风险大于失败的伦理风险。因为一方面成功的喜悦往往会有意无意地遮蔽其中的伦理问题;另一方面,根据现在产学研一条龙的运作模式,一个项目或者研制产品一旦成功,就可能读秒般地被推广、扩散,原有的伦理风险会被迅速放大,比如像基因编辑婴儿、大数据技术和人工智能技术等,如果对其研究成果的伦理风险未进行预测与评估,就急于推广、扩散——也许想产生第一效应或者马太效应,其结果往往欲速则不达——不仅其显性伦理风险迅速增大,而且其中原有的隐性伦理风险也会由隐变显,由于双重伦理风险叠加,其产生的负效应将是灾难性的。印第安人有句谚语"别走得太快,等一等灵魂",其意味十分深远。二是在技术物性开发利用项目的研发过程中须追问"怎么创造(发明)"。以技术物性与技术德性三重维度整合的张力构建技术研发共同体及其个体(成员)的技术-伦理责任体系,包括技术-伦理责任规范体系与考评体系。因为从目前技术研发共同体而言,有相对稳定性的共同体或者团队(公司的研发部),也有临时组建的技术攻关型共同体(共同体成员来自不同的学科,分属不同的部门,一旦任务结束,便自动解散),但是只要是参与技术物性开发利用项目的研发过程,都须遵循技术-伦理责任体系中的技术-伦理责任规范与考评。这看起来似乎是一种对于技术研发活动的制约,而实际上如同黑格尔所说,"具有拘束力的义务,只是对没有规定性的主观性或抽象的自由和对自然意志的冲动或道德意志(它任意规定没有规定性的善)的冲动,才是一种限制。但是在义务中个人毋宁说是获得了解放"③。因为技术研发共同体及其个体的技术研发活动既是一种技术活动,同时也是一种"按照美的规律来建造"的道德活动——担负着发展科技、满足人们日益增长的物质、文化与审美需求的道德使命。因此,只有遵循技术-伦理责任规范,才能获得技术研发活动的自由。三是在技术物性开发利用项目的研发结束后,须追问"创造(发明)的结果和效用如何"。以技术物性与技术德性三重维度整合的张力构建验收、评估的技术-伦理责任规范体系。对于验收、评估合格的,在投入使用和推广扩散以前,须对其进行伦理风险评估,在拟定了规避或者应对这些伦理风险的方略以后,才能进一步推进;对于验收、评估不合格的,必须对照技术-伦理责任规范排查其中的原因并予以整改。

最后,超越当代技术的伦理困境还须构建关于技术物性与德性张力的监督管理机制,建立健全相关的法律法规,进而使得技术物性开发利用有法可依,执法必严,违法必究。与此同时,在技术物性开发利用项目的研发的决策与结果评估中,须引入更多利益相关方的参与和协商;确保技术物性开发利用的成果及其应用安全效益最大化,使这些成果真正惠及国家、社会和人民的生活,让人类的精神家园生生不息,以"赞天地之化育,与天地参"(《礼记·中庸》)的伦理情怀,推进人与自然生命共同体的和谐共生!

---

① "负责任的创新",即负责任的研究与创新(Responsible Research and Innovation,RRI),指的是一个透明的、互动的创新过程,在此过程中社会行动者和创新者彼此合作和呼应,充分考量创新过程及其适销产品的(道德)可接受性、可持续性和社会期许性,从而使科技进步适当融入社会生活。(参见薛桂波、赵一秀:《基于"负责任创新"的欧盟科技政策转型及启示》,《中国科技论坛》2017年第4期。)
② 参见陈爱华:《高技术的伦理风险及其应对》,《伦理学研究》,2006年第4期。
③ 黑格尔:《法哲学原理》,范扬、张企泰译,北京:商务印书馆,1961年,第197页。

算法歧视与"是-应该"问题

陈 海[*]

（上海大学 文学院，上海 200444）

> **摘 要**：算法歧视问题是人工智能快速发展的今天所凸显出来的伦理问题。作为道德哲学的研究者，除了为算法伦理问题提供解决方案，也可以从中找到解答传统道德哲学问题的可能。通过分析可以发现，不偏不倚的二阶算法在获取带有偏倚性的经验数据后可以输出带有偏倚性的一阶算法。由此可以推论得到，不带偏倚性的前提推出带有偏倚性的结论，必然是渗入了带有偏倚性的其他内容。这就意味着如果无关道德的"是"能推出关乎道德的"应该"，那么推理过程中必然有关乎道德的内容渗入，否则"是"就不能推出"应该"。而作为"是推不出应该"的一个推论，事实和价值的不二分关系可以进一步在元伦理层面上为认知直觉主义提供相应的辩护。
>
> **关键词**：算法歧视；算法伦理；是-应该；认知直觉主义

引言

2016—2017 年，由 DeepMind 公司研发的 AlphaGo 接连战胜世界顶尖的人类围棋选手李世石和柯洁，一下将人工智能（artificial intelligence）乃至和人工智能相关的所有话题推上了舆论的风口。两年后，三位在人工智能方面有着杰出贡献的科学家约舒亚·本希奥（Yoshua Bengio）、杰弗里·欣顿（Geoffrey Hinton）、杨立昆（Yann LeCun）又共同获得了计算机界的最高荣誉图灵奖（Turing Award）。短短几年间，人工智能成为万众瞩目的焦点，关于人工智能的讨论遍布各个行业和领域，相关专业的毕业生也成为职场上的香饽饽。作为哲学研究者，在这一场人工智能的热潮中，似乎也能够发现方寸用武之地。比如，随着人工智能技术的发展和应用的普及，与之相关的伦理问题也逐渐显现出来，关于作为人工智能技术最基本的内容——算法（algorithm）的伦理问题，在最近便引发了不少的议论[①]。但我在本文想做的工作可能和大多数的讨论恰恰相反，我试图以算法的伦理问题作为证据，来探讨道德哲学研究中一个长久却十分重要的话题，即"是-应该"问题（Is-Ought Problem）。通过对算法歧视现象的研究，我们可以认为，彻底的伦理自然主义和彻底的伦理反自然主义都是站不住脚的。

一、算法也有歧视？

算法歧视问题可能是涉及算法伦理的问题中最为突出的。我们总说，机器或者算法是没有情感的，那

---

[*] 基金项目：国家社科基金重大项目"基于虚拟现实的实验研究对实验哲学的超越"（15ZDB016）；中国博士后科学基金第 13 批特别资助（站中）项目"汉语言道德哲学研究"（2020T130400）。
作者简介：陈海（1986—），男，浙江新昌人，哲学博士，上海大学文学院博士后、讲师，从事道德哲学和社会心理学研究。
[①] 2020 年 9 月 8 日，《人物》杂志在其官方微信公众号上发布了一篇名为"外卖骑手，困在系统里"的文章，直指算法带来的社会问题，引起轩然大波。文章发问道："数字经济的时代，算法究竟应该是一个怎样的存在？"虽然全文几乎没有谈论算法本身和其带来的社会问题之间的具体联系，但文章引发的社会关注是空前的。可参见：赖祐萱，"外卖骑手，困在系统里"，URL=<https://mp.weixin.qq.com/s/Mes1RqIOdp48CMw4pXTwXw>，2020-9-30.

么由机器做出的选择或判断似乎会更客观,也更容易实现不偏不倚。但瑞贝卡·海尔维尔(Rebecca Heilweil)就直言,人类总是容易出现错误和偏见,但算法似乎也不比人类做得更好①。诚然,算法带来的歧视现象已经多次出现了。作为当今人工智能领域的巨头公司之一的Google,曾被曝出其研发的图片识别软件将黑人的照片标记为"大猩猩",这样带有明显歧视的现象在另一家世界著名的图片分享网站Flickr也同样出现过②。为何像Google、Flickr这样的科技巨头,依然会犯下如此低级的错误呢?我将通过对"算法"进行简单的概念考察,对不同的"算法歧视"做出区分,并根据不同的"算法歧视"提出规避的可能方法。

(一)如何理解算法

那么,算法一定是不偏不倚的吗?

首先,我们来探讨一下对"算法"的理解。根据佩德罗·多明戈斯(Pedro Domingos)的理解:"算法就是一系列指令,告诉计算机该做什么。……(但)这些指令必须精确且不能模糊,这样计算机才能够执行。……(因此)算法是一套严格的标准。"③罗宾·K.希尔(Robin K. Hill)则将算法理解为"是有限的、抽象的、有效的复合控制结构,是命令性所与的(imperatively given)"④。但在本文中,我想先用下图简单表述一下我对"算法"的理解。

图1 算法作为一个黑箱

如图1所示,如果我们并不关心算法的具体内容,那么在整个算法发挥作用的过程中,所谓"算法"就是一个"黑箱",通过向"算法(黑箱)"输入数据或内容,可以得到相应的结果。如果根据图1的理解,那么微观到计算机程序宏观到所有的自然规律,都可以被理解为是一种"算法"。但微观的算法和宏观的算法的区别是显而易见的,甚至我们所熟悉的各种可被进行量化分析和研究的学科都包含着一种将宏观"算法"微观算法化的企图。不过,这不是本节内容要讨论的重点,在本节中,如何厘清微观算法概念是最紧迫的任务。

那么,继续根据图1所示,我们要进一步搞清楚"算法是什么",就需要破解这个黑箱。而破解黑箱又有两种可能的路径,我称为"上帝视角路径"和"非上帝视角路径"。所谓"上帝视角路径"是指,一种能够直接看到或知道某种算法内容的黑箱破解路径,而所谓"非上帝视角路径"则无法直接看到或知道算法的内容,必须通过对输入黑箱的内容和黑箱输出的内容进行对比分析才能知晓算法的路径。

而根据图2这两种黑箱破解的路径,我们又可以推断出两类算法设计的策略,即"上帝视角式构建"和"非上帝视角式构建"。"上帝视角式"的算法构建或设计比较容易理解,比如我们可以从上帝视角构建一个简单的算法"有人走上独木桥,路灯便会亮起",那么就有:

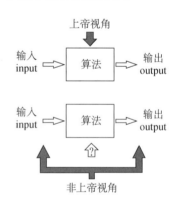

图2 两种破解算法黑箱的视角

　　输入(input):甲走上独木桥
　　算法(algorithm):有人走上独木桥,路灯便会亮起
　　输出(output):路灯亮起

但是"非上帝视角式"的算法构建或设计则会遇到一些逻辑上的困难,因为,倘若我们根据输入和输出内容推断出算法,那么这一过程并非是"构建"出一种算法,而是"归纳"出一种算法。不过,随着机器学习尤其是深度学习的兴起,我们会发现"非上帝视角式"的算法构建或设

---

① Rebecca Heilweil, "Why Algorithms Can Be Racist and Sexist", URL = <https://www.vox.com/recode/2020/2/18/21121286/algorithms-bias-discrimination-facial-recognition-transparency>, 2020-9-26.
② 曹建峰:《人工智能:机器歧视及应对之策》,《信息安全与通信保密》,2016年第12期,第16页。
③ [美]佩德罗·多明戈斯:《终极算法:机器学习和人工智能如何重塑世界》,黄芳萍译,北京:中信出版社,2017年,第1-6页。
④ Robin K. Hill, "What an Algorithm Is", Philosophy and Technology, 2016, vol. 29, no. 1, p.44.

计,都可能存在一种更高阶的"上帝视角式"的算法作为起点①。因此,非上帝视角式的算法构建又可以如图3所示。

换言之,在现有的算法当中,我们可以有两类上帝视角的算法构建,一类是"一阶上帝视角",另一类是"二阶上帝视角"。

（二）算法歧视的区分

那么,对算法进行这样的区分和判断算法是否存在偏倚性有着什么样的联系呢？首先,在一阶上帝视角式的算法构建中,作为算法的设计者,可以有意识地在算法中加入偏倚性,也可以不加入②。比如,还是以"独木桥-路灯"为例,如果算法设计者将算法设计成"有身高高于两米的人走上独木桥,路灯便会亮起",那么这个算法显然是带有偏

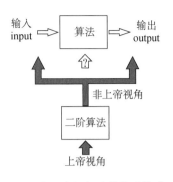

图3 非上帝视角式的算法构建

倚性的。同样,从理论上来讲,二阶上帝视角式的算法构建中也可以有偏倚性,但在目前大多数的深度学习架构中,算法的设计者都声称没有(有意识地)加入偏倚性。事实上,在作为一种通用算法的二阶非上帝视角式算法构建中加入特定偏倚性也不太现实,因为"没有人真正知道先进的机器学习算法是怎样工作的"③。但即使如二阶上帝视角算法的设计者所言没有在二阶算法中加入偏倚性,在二阶算法作用下得到的一阶算法是否具有偏倚性,依然存疑。从现有的事实证据来看,这种由不偏不倚的二阶算法得到的一阶算法是可能存在偏倚的,甚至该一阶算法最后会生成明显的歧视性内容,比如前文提到的Google公司利用深度学习技术研发的图像识别工具出现的问题。那么,这种一阶算法中的偏倚性是如何出现的呢？这和机器学习的工作原理有着密切的联系,因为"机器学习致力于研究如何通过计算手段,利用经验来改善系统自身的性能"④。由于机器学习需要大量吃进经验,就会不可避免地出现"偏见进,偏见出"⑤的情况,也就是说经验中的偏见会成为机器学习过程中无法躲避的信息,并将这些偏见内容写入自身系统当中,进而输出带有偏见的信息。一个典型的例子就是2016年微软公司推出的聊天机器人Tay,在短短一天里就被网民教坏了⑥。

因此,根据上述理由,我们可以认为,算法可以有偏倚性,也可以没有偏倚性。其中,一阶上帝视角式构建的算法是否带有偏倚性取决于算法的设计者,二阶上帝视角式构建的算法没有偏倚性,基于二阶上帝视角算法而构建的一阶非上帝视角式算法的偏倚性则取决于输入的经验数据或信息是否带有偏倚性。基于以上区分,我们当前可能遭遇的算法歧视,也就有类型上的类似区分,即一类算法歧视是一阶上帝视角算法的歧视,歧视源自算法的设计者(以下简称"设计者歧视"),另一类歧视则是一阶非上帝视角算法的歧视,这类算法歧视根本上是源自经验世界中的歧视现象(以下简称"经验性歧视")。比如,"亚马逊网站的购物推荐系统一直偏袒自己以及合作伙伴的商品"⑦就属于"设计者歧视",而Google图片识别工作将黑人识别为"大猩猩"则属于"经验性歧视"。

---

① 多明戈斯甚至认为所有的高阶的算法,还可以统一到一个算法,他称之为"终极算法"。参见：[美] 佩德罗·多明戈斯：《终极算法：机器学习和人工智能如何重塑世界》,黄芳萍译,北京：中信出版社,2017年,第33页。

② 克雷默(Felicitas Kraemer)、范·奥夫维尔德(Kees van Overveld)和皮特森(Martin Peterson)曾提出,"算法是价值负载的(value-laden)",他们举出关于医学影像分析算法的例子来进行说明。参见：Felicitas Kraemer, Kees van Overveld, Martin Peterson: "Is There an Ethics of Algorithms?", *Ethics and Information Technology*, 2011, vol. 13, no. 3, pp.254-257。但事实上,克雷默等人的例子中,出现伦理问题的医学影像算法是由于算法得出的结果存在错误引起的。本文对算法伦理问题的讨论,将排除克雷默等人列举的基于错误结果引发伦理问题的情况。

③ 王焕超：《如何让算法解释自己为什么"算法歧视"？》,URL=〈https://mp.weixin.qq.com/s/4gjKvSB5acN_1evfTFyLkg〉,2020-9-25。

④ 周志华：《机器学习》,北京：清华大学出版社,2016年,第1页。

⑤ 张玉宏、秦志光、肖乐：《大数据算法的歧视本质》,《自然辩证法研究》,2017年第5期,第84页。

⑥ 曹建峰：《人工智能：机器歧视及应对之策》,《信息安全与通信保密》,2016年第12期,第16页。

⑦ 同上,第17页。

(三) 如何规避算法歧视

根据我们对"设计者歧视"和"经验性歧视"的区分,我们对算法歧视现象的规避对策,也可以从这样两个角度展开。简单地讲,针对"设计者歧视"的规避对策,主要是以设计者为关注重点,而针对"经验性歧视"的规避对策,主要以算法的输出结果为关注重点。

"设计者歧视"主要源自算法的设计者,那么,从理论上看,在算法设计伊始及具体的设计过程中,坚持某些设计原则,就可以规避"设计者歧视"的出现,我称之为"设计净化"。比如,亚马逊网站的购物推荐系统的设计,就存在明显的"设计者歧视"问题,而解决该算法歧视的办法就是从根源上进行修正,即在算法中剔除某些倾向性的设定。虽然在商业活动中,让作为算法设计者的商家或企业主动规避这样的"设计者歧视"并不现实,但从技术上看,这一类算法歧视的规避并不困难①。唯一的困难可能在于,不同的算法设计者对所谓歧视性设定的理解会出现偏差,而这一困境与算法设计本身并无直接关系。

而"经验性歧视"主要源自客观世界。我们在认定二阶算法是不偏不倚的情况下(如果二阶算法本身带有偏倚性,那么针对这一类算法歧视的对策可以首先采用针对"设计者歧视"的对策),针对"经验性歧视"理论上也可以分为两类对策,一类称之为"经验净化",另一类称之为"算法净化",但两类对策得以实现都有一个前提,即我们有不包含歧视性因素的对照原则或价值(是否存在这样不偏不倚的原则或价值将在下文展开,在此先假设这样不偏不倚的原则是存在的)。所谓"经验净化"是指,将所有可能被机器学习到的经验材料进行"伦理净化",那么就会出现这样一种后果,即被筛选的经验材料和进行"伦理净化"的原则或标准契合度会非常高,我们在开始这样的经验材料筛选之时已经可以预见到大概的结果,那么这样的机器学习过程就会变成一个冗余的过程②,因此,"经验净化"只可能是一种理论上的对策。相比较"经验净化","算法净化"可能更具有实际的操作性。所谓"算法净化",我们可以理解为是针对一阶非上帝视角算法出现的歧视的一种修正。比如,Google 图片识别工具中的一阶非上帝视角算法做出了带有严重种族歧视的判断,那么"算法净化"就需要使用相应的伦理原则去剔除一阶非上帝视角算法中的歧视性算法或规则。

在实际应用过程中,"设计净化"和"算法净化"都应该也有必要在算法设计过程中发挥作用。我们需要通过"设计净化"来实现算法生成之初就不带有偏倚性,同时,由于在机器学习的过程中的不确定性,我们也需要通过"算法净化"来修正或补救一个与现有的现实世界中的道德准则或原则相违背的算法。当然,由于算法歧视的出现,不仅仅包含以上这些原因,但在理想状态下,从起始端和输出端都对算法进行监督和修正,可以有效规避算法歧视问题的出现。

二、从算法歧视看"是-应该"问题

但正如我在引言中所说的那样,本文的关注点是想通过算法的伦理问题来尝试回答现实世界中的伦理问题,因此接下来我要把关注点引向一个道德哲学和伦理学研究中老生常谈的问题,即"是-应该"问题。因此,首先将对"是-应该"问题进行简单的回溯,在此基础上通过和算法歧视现象进行对比,来表明从"是"很难推出"应该"。

(一)"是-应该"问题辨析

首先,我们先来考察一下"是-应该"问题。在许多哲学讨论中,"是-应该"问题、休谟问题、自然主义

---

① 著名的阿西莫夫机器人定律(Asimov's Three Laws of Robotics),可以被视为是一种典型的"设计净化"对策(虽然是一个并不成功的对策)。

② 晚近,一类名为"对抗训练"的机器学习模型很受关注。对抗训练的目的是为了应对在机器学习过程中遇到所谓的"对抗样本",而对抗样本的存在是会对整个机器学习系统造成损害的。但能否将对抗训练引入规避算法歧视这一现实问题中来,仍需要数据科学家们的进一步探索。

谬误问题、事实-价值二分问题等问题常会被不加区分地进行使用,但事实上这几个问题之间还是有一些明显的区别的。

"是-应该"问题通常被认为最早由休谟(David Hume)提出,休谟曾指出"在我所遇到的每一个道德体系中,……我所遇到的不再是命题中通常的'是'与'不是'等连系词,而是由'应该'或'不应该'联系起来的,……这个新关系如何能由完全不同的另外一些关系推出来,应当举出理由加以说明"①。简言之,"'是-应该'问题"追问的就是,能否从"是"推出"应该"。查尔斯·皮登(Charles Pigden)将我们通常所说的"是-应该"问题(主要是针对认为"是"推不出"应该"的观点)进一步区分为两类:一类认为非道德或和道德无关的前提不能仅仅通过逻辑推出道德的或和道德相关的结论,另一类认为非道德或和道德无关的前提不能通过逻辑和分析的桥接原则(analytic bridge principles)②推出道德的或和道德相关的结论③。其中前一类观点也被称为"伦理的逻辑自主",后一类观点被称为"伦理的语义自主"。

休谟问题(Hume's problem)经常被等同于"是-应该"问题,事实上,"是-应该"问题确实是休谟问题中的其中一个部分,但休谟问题显然不仅仅指"是-应该"问题。对此,张志林曾指出,休谟问题应当包含"休谟因果问题"和"休谟归纳问题"这两个问题④。施太格缪勒(Wolfgang Stegmuller)认为休谟提出归纳问题的依据在于(I)我们关于实在东西的一切知识都必须以某一形式依赖于我们所感知到和观察到的东西;(II)然而我们却自以为我们具有实在东西的知识比我们通过感觉经验所能得到的这种知识多得多⑤。而根据(I),我们就可以认为,仅凭逻辑推理我们是无法从非道德或和道德无关的前提推出道德的或和道德相关的结论的。因此,休谟问题所涉及的范围要比"是-应该"问题大得多。

另外一个容易和"是-应该"问题混淆的就是摩尔(G. E. Moore)提出的自然主义谬误问题(naturalistic fallacy problem)。颜青山就指出,自然主义谬误经常被认为是对"是-应该"问题的强化或一种详细的表述,然而在摩尔那里,是与应该的关系应该被归为非自然主义谬误,而不是自然主义谬误⑥。皮登也指出,休谟会认同"是"推不出"应该",但休谟不会赞同"自然主义谬误"⑦,因此这两个问题不是一回事。奥利弗·库里(Oliver Curry)认为,目前至少有8类问题被列在"自然主义谬误"这一术语名下:

  a. 从是推到应该
  b. 从事实推到价值
  c. 以善的对象定义善
  d. 认为善是自然属性
  e. 顺从"进化方向"
  f. 假设自然的就是好的
  g. 假设存在的就是应该存在的
  h. 以因果说明取代辩护理由⑧

根据前面的简单区分,我们可以发现,这8类问题中,a问题就是"是-应该"问题(也被库里称为"休谟谬误"),h问题会涉及休谟问题中的一部分内容。c问题是摩尔自己明确说明的自然主义谬误,但实际上

---

① [英]休谟:《人性论》(下册),关文运译,北京:商务印书馆,1980年,第509-510页。
② 简单地讲,"分析的桥接原则"就是指我们可以通过语义分析,在前提和结论之间建立推理联系。
③ Charles Pigden, "Is-Ought Gap", *The International Encyclopedia of Ethics*, Oxford: Blackwell Publishing, 2013, p.2793.
④ 张志林:《因果观念与休谟问题》,北京:中国人民大学出版社,2010年,第26页。
⑤ 同上,第71页。
⑥ 颜青山:《分析现象学引论》,长沙:湖南师范大学出版社,2019年,第139页。
⑦ Charles Pigden, "Is-Ought Gap", *The International Encyclopedia of Ethics*, Oxford: Blackwell Publishing, 2013, p.2794.
⑧ Oliver Curry, "Who's Afraid of the Naturalistic Fallacy?", *Evolutionary Psychology*, 2006, vol. 4, p.236.

b—g问题都理解为一种广义的自然主义谬误也没有太大的偏差。这类广义的自然主义谬误通过改造，可以表述为"从客观事实或自然属性推出道德价值或道德属性"（我称为b+问题），库里列举的8类"自然主义谬误"问题也就可以被简化为a、b+、h三类问题。

虽然b+问题涉及了事实和价值的关系问题，但我认为b+问题和"事实-价值"二分问题（fact-value dichotomy problem）仍然是有区别的，因为b+问题只认为客观事实或自然属性无法推出道德价值或道德属性。从逻辑上看，认为事实和价值是二分的人可以支持b+，认为事实和价值不是二分的人也可以支持b+。普特南（Hilary Putnam）就认为，"事实"和"价值"之间有区分，但并不代表二者是二分或对立的①。值得注意的是，"是-应该"问题与"事实-价值"问题的关系虽不直接，但也十分紧密，对"是-应该"问题的研究能够帮助我们更好地认识"事实-价值"问题。因此，在本文中，将要讨论的"是-应该"问题将不会涉及完整的休谟问题，也会和自然主义谬误进行区分。

（二）如何从"是"推出"应该"

我们回到"是-应该"问题的核心部分，即"是"能否推出"应该"。认为"是"能够推出"应该"的两个著名论证分别来自塞尔（John Searle）和普莱尔（Arthur Norman Prior）。

塞尔构建的对"是推不出应该"的反驳大致如下（我称为"五美元论证"）：

(S1)琼斯说出了"我承诺付钱给你，史密斯，五美元"。
(S2)琼斯承诺付给史密斯五美元。
(S3)琼斯将自己置于付给史密斯五美元的义务之下。
(S4)琼斯处于支付给史密斯五美元的义务之下。
(S5)琼斯应该付给史密斯五美元。②

塞尔认为，在以上例子中，我们可以从"琼斯说出'承诺付给史密斯五美元'"这个事实，推出"琼斯应该付给史密斯五美元"这个义务。黄勇对塞尔反驳的再反驳认为，塞尔"未能成功地从一个事实陈述推出一个应然陈述，因为他的结论——尽管其中有'应该'这个词出现——实际上仍然是一个事实陈述或者说描述性陈述"③。皮登的对塞尔反驳的反驳则在于，他认为如果"琼斯承诺付给史密斯五美元"，那么根据分析的桥接原则，推理得到的结论"琼斯应该付给史密斯五美元"的完整表述应该是"如果琼斯承诺付给史密斯五美元，那么根据'承诺的规则'，琼斯应该付给史密斯五美元"，但这显然不是塞尔所预期的结论④。结合黄勇和皮登的反驳，我认为塞尔例子中的前提"琼斯承诺付给史密斯五美元"本身就是一个和道德相关的命题，得到的结论"琼斯应该付给史密斯五美元"也是一个和道德相关的命题，所以塞尔没有真正挑战到"是不能推出应该"。

但普莱尔的论证被皮登认为是对"是推不出应该"真正的威胁⑤。普莱尔的反驳大致如下：

喝茶人推理1
(P1)喝茶在英格兰很常见。

因此

(P2)要么喝茶在英格兰很常见，要么所有的新西兰人都应该被射杀。

喝茶人推理2
(P1*)喝茶在英格兰不常见。

---

① ［美］希拉里·普特南：《事实与价值二分法的崩溃》，应奇译，北京：东方出版社，2006年，第10页。
② John Searle, "How to Derive 'Ought' from 'Is'", *The Is-Ought Question*, London: Macmillan Education, 1969, p.121.
③ 黄勇：《如何从实然推出应然——朱熹的儒家解决方案》，《道德与文明》，2018年第1期，第10页。
④ Charles Pigden, "Is-Ought Gap", *The International Encyclopedia of Ethics*, Oxford: Blackwell Publishing, 2013, p.2796.
⑤ Ibid., p.2797.

(P2)要么喝茶在英格兰很常见,要么所有的新西兰人都应该被射杀。

因此

(P3)所有的新西兰人都应该被射杀。①

如果(P2)是关乎道德的,那么喝茶人推理 1 就是一个有效的"是-应该"推理,如果(P2)不关乎道德,那么喝茶人推理 2 就是一个有效的"是-应该"推理。普莱尔的反驳在逻辑上是完全有效的,但是皮登并不接受。他的理由在于,虽然喝茶人推理 1 和喝茶人推理 2 逻辑上都有效,但在实际的道德推理过程中,这两个推理是真空的(没意义的)(vacuous),因此不可能从完全无关乎道德的前提中推断出实质性关乎道德的结论,"伦理的逻辑自主"经过一定的修正是可以得到保存的。② 但是皮登这样的反驳策略就会导致对道义逻辑的否认。格哈德·舒尔茨(Gerhard Schurz)对普莱尔的反驳与皮登对普莱尔的反驳属于殊途同归,因为舒尔茨认为在喝茶人推理 1 中,(P2)可以是"要么喝茶在英格兰很常见,要么所有的新西兰人都应该被射杀",也可以是"要么喝茶在英格兰很常见,要么 X"(X 可以是任何语法上正确的短语)。③ 如果如舒尔茨所说,那么这里的"应该"就和任何实践无关了。因此,无论是皮登还是舒尔茨,至少都证明了普莱尔的推理没有告诉我们任何关于伦理或道德实质性的内容,两个喝茶人推理的结果在元伦理层面上都是中立的。④

(三) 源自算法歧视现象的挑战

基于前文的分析和澄清,我想借助算法歧视问题,来挑战"是可以推出应该"这一观点。在此,假设二阶上帝视角算法为 X,一阶非上帝视角算法为 Y,我们可以构建如下论证(我称为"算法歧视挑战论证"):

(C1)X 是不偏不倚的。

(C2)Y 是带有偏倚性的。

而

(C3)Y 是基于 X 得到的结果。

因此

要么(C4)"不偏不倚"→"偏倚性",

要么(C5)X 推出 Y 的过程中渗入了"偏倚性"。

因为(C4)显然是为假的⑤,因此以上论证要成立的话,只有可能是(C5)为真。在前文我已经表明了,基于二阶算法得到的一阶算法是建立在对大数据的学习的,这一过程不是一个纯粹的演绎过程,而是一个典型的归纳过程。并且由于作为二阶算法的机器学习系统本身(原则上)不带有偏倚性,机器学习系统(原则上)不会对数据进行筛选,偏倚性可能是由数据带来的这一论断是合理的。因此(C5)为真得到了辩护。

一旦(C5)得到了辩护,那么至少意味着"伦理的逻辑自主"得到了辩护。那么"伦理的语义自主"又能否得到辩护呢?我们可以将"算法歧视挑战论证"进行改造,得到"算法歧视挑战论证+":

(C1*)x 具有属性 α。

(C2*)y 具有属性 β。

而

---

① Charles Pigden, "Is-Ought Gap", *The International Encyclopedia of Ethics*, Oxford: Blackwell Publishing, 2013, p.2797.
② Ibid., p.2798.
③ Ibid., p.2799.
④ Ibid.
⑤ 因为在蕴含式 p→q 中,p 为真 q 为假时,p→q 为假;因此若 p 为真则¬p 为假,则 p→¬p 为假。

(C3*) y 是基于 x 得到的结果。

因此

要么(C4*) α→β,

要么(C5*) x 推出 y 的过程中渗入了 β。

(C5*)可以根据"算法歧视挑战论证"得到辩护。但在"算法歧视挑战论证+"中,(C4*)未必是为假的。也就是说,"算法歧视挑战论证+"成立,只要(C4*)为真即可。又因为(C4)"不偏不倚"→"偏倚性"是 a→¬a,是为假的,但是 α→β 在 β≠¬α 的情况下是可以为真的。所以,只要论证 α 能够推出 β,"伦理的语义自主"即可得到辩护。①

这里,我想要回溯到塞尔的"五美元论证"。塞尔在"五美元论证"中,试图通过构建一个"琼斯承诺付给史密斯五美元"的事实能够推出"琼斯有付给史密斯五美元的义务"。如果我们将"五美元论证"核心内容提取出来放置于"算法歧视挑战论证+"当中,那么情况就会变得清晰起来:"琼斯承诺付给史密斯五美元"中的"承诺"具有属性 α,"琼斯有付给史密斯五美元的义务"中的"义务"具有属性 β,如果我们沿着塞尔的论证,那么(C5*)为假,要使"算法歧视挑战论证+"为真,则(C4*)必须为真。而(C4*)为真则意味着 α→β,在"五美元论证"中就意味着"承诺"⇒"义务"。而"承诺"和"义务"两者之间,意义虽非完全重合,但必然不是完全矛盾的。这就意味着塞尔的"五美元论证"依然没有摆脱"分析的桥接原则"。"伦理的语义自主"也因此可以得到辩护。

据此,根据"算法歧视挑战论证"和"算法歧视挑战论证+",我们可以对"是可以推出应该"提出有效的反对。

三、反自然主义者的胜利?

以上,我试图通过引入算法歧视的相关问题来论证"是推不出应该",但这是否意味着反自然主义者就取得了论战的胜利呢?答案是否定的。在该部分讨论中,我首先将试图表明"是-应该"问题和自然主义谬误问题是两个几乎无关的问题,但和"事实-价值"二分问题关系密切;其次我将试图说明即使"是推不出应该"也不能证明事实和价值是二分的,相反地,"是推不出应该"能够用来为事实和价值不是二分的这一观点提供辩护;最后我将表明事实和价值的非二分关系可以为某种形式的认知主义立场(即"认知直觉主义")提供相应的辩护②。

(一)"是-应该"问题和"自然主义谬误"问题有别

在前文我已经表明了,库里列举的 8 类容易被冠以"自然主义谬误"名号的论点,可以被归纳为 a(从是推到应该)、b+(从客观事实或自然属性推出道德价值或道德属性)、h(以因果说明取代辩护理由)这三大类。先搁置 h 不论,a 和 b+ 的关系实际上是十分疏远的。

我们先来回顾一下"是-应该"问题。如皮登所述,"是-应该"问题讨论的是非道德或和道德无关的前提能不能通过逻辑或逻辑和分析的桥接原则推出道德的或和道德相关的结论。用图 4 表示大约是如下的情形:

图 4 "是-应该"问题图示

而"自然主义谬误"问题(这其实是指 b+ 类问题,但由于我意图将 a、h 类问题和 b+ 类问题进行区分,往

---

① 特别感谢上海大学哲学系刘小涛教授帮助我对该部分推理内容的澄清。

② 因为认知主义和自然主义本质上是完全不一样的。

后我将 b+ 类问题直接称为"自然主义谬误"问题)是指"能否从客观事实或自然属性推出道德价值或道德属性",用图5表示大约是如下情形:

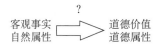

图 5　"自然主义谬误"问题图示

因此,从图4和图5的比较中,我们不难看出,"是-应该"问题和"自然主义谬误"问题有一个十分明显的区别,即前者确定的是前提和推理方式,不确定的是推理结果,而后者确定的是推理前提和推理结果,不确定的是推理过程(或者说不确定的是推理前提和推理结果之间的关系是如何建立的)。两个问题想要得到的答案属于两个不同的范畴,因此我们可以认为两个问题存在很大的不同。①

（二）"是推不出应该"为事实-价值不二分辩护

那么"是-应该"问题又是如何为事实-价值不二分提供辩护的呢?

事实和价值是否二分和事实能否推出价值(自然主义谬误问题一种形式)是两个只有些许关联的问题。两个问题的关联性主要体现在两个问题都涉及了"事实"和"应该"。但进一步分析,我们可以发现,"事实能否推出应该"这样的发问,是基于提问者已经接受了"事实和价值是二分的"这一隐含的前提。但是无论"是"能不能推出"应该"都不需要"事实和价值是二分的"作为前提。而且,对"是-应该"问题的回答可以帮助我们更好地理解事实和价值的关系。

如果"是可以推出应该",那么即使我们认为"是-应该"问题和"自然主义谬误"问题是两个非常不一样的问题,这两个问题也可以用图6进行表示:

图 6　"自然主义无谬误"推理示意图

那么自然主义者将大获全胜。但事实上,根据前两部分的论证,"是"确实是推不出"应该"的,因此,"自然主义无谬误"的推理过程是崩塌的。

如果"是推不出应该",那么"是"只能推出"是","应该"只能推出"应该",再抽象一点的表述就是"X 只能推出 X"。将事实和价值代入进去,就会得到"'事实'只能推出'事实'""'价值'只能推出'价值'"。但这个时候,我们从自然主义者的观点中,也会发现一个致命的挑战,那就是我们确实知道存在客观事实或自然属性,我们也确实知道存在道德价值或道德属性,除了承认"道德价值或道德属性"是由"客观事实或自然属性"推理得到的,还有别的可能性吗? 我的回答是,有!

如果我们既要坚持"X 只能推出 X",同时也坚持"既存在客观事实或自然属性,也存在道德价值或道德属性",那么我们唯一可能持有的观点就是:事实和价值是不可分的。也就是说,根据"X 只能推出 X",我们可以认为"'事实/价值'能够推出'事实/价值'"。由此我们可以认为,所有被认为是从事实推出价值的尝试,实际上都仅仅是从一个包含价值内容的事实中,分析出其价值相关的内容。比如,我们可以再回溯到塞尔的"五美元论证",我在前文中已经指出了,塞尔的论证中存在一个致命的问题,那就

---

① 虽然颜青山指出"自然主义谬误"经常与休谟的"是"与"应该"问题相混同,但他也提出"在一种补充说明的意义上,我们也可以将它们(即是-应该问题)看作自然主义谬误"。他认为:"如果要讨论自然主义谬误和休谟问题的关系,就必须把两个或三个休谟问题都包括进来,也就是说,从'是'到'应该',从对象到概念(归纳)没有必然的逻辑通道,主张其中存在必然性的观点都是犯了自然主义谬误。"(参见:颜青山:《分析现象学引论》,长沙:湖南师范大学出版社,2019年,第149-151页)我认为,这一澄清恰恰表明了,单一的"是-应该"问题和自然主义谬误是不同的。

是"承诺"的语义内容本身就包含了"义务"的语义内容。那么"自然主义无谬误"推理实际上就是一个语义分析的过程,我可以用图7表示：

图7 "自然主义无谬误"推理＝语义分析

(三) 事实-价值不二分为认知直觉主义辩护

但是,我们承认事实和价值不可二分,并不意味着反自然主义者赢得了最后的胜利。针对复杂的元伦理学争论,一种恰当的研究路径可能是彻底摆脱"自然主义-反自然主义之争",以认知直觉主义视角为新的起点,帮助我们更好地理解事实、价值及两者的关系问题。

亚历山大·米勒(Alexander Miller)曾对主要的元伦理学理论做过清晰的区分[①]。在他的区分中,元伦理理论首先就可以分为"认知主义"和"非认知主义"两类,而自然主义则是属于认知主义以内的一种分支。由此,米勒又将强认知主义分为自然主义式的和非自然主义式,前者包括康奈尔派实在论者和自然主义还原论者,后者包括摩尔和麦克道威尔(John McDowell)等。但迈克·休默尔(Michael Huemer)曾指出"世界上存在着两种不同的基础性(道德)属性：评价性的属性(evaluative properties)和非评价性的属性(non-evaluative properties)",而直觉主义正是这样一种完美的"二元论"[②]。

我曾基于休默尔的分类尝试,提出过所谓的"新理性直觉主义"的主张,即"一种将具有方法论意义的道德直觉视为道德基础的伦理理论,通过对道德直觉的反思我们可以获得道德知识"[③]。在对道德直觉展开进一步探讨之后,我认为"我们的道德直觉确实是由认知因素和非认知因素两方面同时构成的,但是随着我们的反思的不断深入,认知因素的作用和地位也会日益凸显"[④]。因此,我将这种直觉主义理论进一步称为"认知直觉主义"。事实-价值不二分的主张,从某种意义上来说是对认知直觉主义的重要辩护。追随休默尔的观点,认知直觉主义可以帮助我们超越长久以来的"自然主义-反自然主义之争",也可以帮助我们在元伦理的研究中摆脱一直以来被认为是脱离实际道德生活的诘难。

四、结语

在人工智能蓬勃发展的今天,我们除了需要通过在伦理维度上思考人工智能已经带来的或可能带来的问题之外,可以通过人工智能的发展现状来帮助我们探讨传统的伦理问题。本文就是以算法歧视这一现象为切入点,尝试通过对算法歧视现象的分析,来确证"是推不出应该",并在此基础上推论得到认知直觉主义可以称为一种恰当的元伦理理论。

---

① [英]亚历山大·米勒：《当代元伦理学导论》(第2版),张鑫毅译,上海：上海人民出版社,2019年,第10页。
② Michael Huemer, *Ethical Intuitionism*, New York: Palgrave Macmillan, 2005, pp.8-9.
③ 陈海：《新理性直觉主义作为道德形而上学的奠基》,北京：中国社会科学出版社,2020年,第19页。
④ 同上,第52页。

数字经济伦理之于平台垄断问题治理的合理性研究

闫茂伟[*]

（郑州轻工业大学，河南 郑州 450001）

摘　要：数字经济时代，平台垄断问题治理需要合理性阐释，而这样一种合理性阐释最为贴切的视域便是数字经济伦理视域。经济正进行数字化转型，经济伦理应数字化转向、治理范式需要进行转换等正是数字经济时代经济伦理面临的新课题、新任务，也为平台垄断问题的治理提供了合理性论证。在"规范＋监管"正成为平台垄断问题治理的基本范式的基础上，数字规则显得格外重要。因此，数字经济伦理视域下的"数字规则"之于数字经济、平台经济尤其是平台垄断而言，便是一种可以统称为"数字经济伦理规则"的数字规则。

关键词：数字经济伦理；数字经济伦理规则；平台垄断问题治理

前　言

数字经济时代，平台垄断是一个显性问题，以至于国内外都在予以治理，但正是在治理的过程中，一些更为棘手的问题出现了，其中便有平台垄断问题到底该不该治理以及该怎样治理的问题，并且，这样的问题不论在学理上还是在实务操作上都是难以处理的，由此便引发了一个平台垄断问题的治理是否具有合理性以及具有多少合理性的问题。而回应这样的问题，首当其冲的便是回答在何种视域下进行探讨的问题。

数字经济时代，存在平台垄断问题是一个有着较少争议的事实，但治理平台垄断问题却是一个颇受争议的话题，有的主张"必须治"、有的主张"无须治"，有的主张"严治"、有的主张"宽治"、有的主张"严宽结合治"，有的主张"事后治"、有的主张"事中事后治"、有的主张"事前事中事后治"，等等。在平台垄断问题治理上之所以存在争议，不仅是经济领域、经济管理方面的事，同时也是法律尤其是执法上的事，而且还是伦理道德的事。并且，从诸多争议来看，"该"或"不该"的态度或主张则是一个共性问题，而这个共性问题更多的是一个伦理学上或伦理性的问题。毕竟，平台垄断问题该不该治理其实包含着一个价值判断尤其是道德价值判断的问题，只有在这个问题上弄明白了，才能进一步确定该或不该以及接下来该怎么做或不该做什么等问题。故而，在这种意义上，平台垄断问题治理需要有一个前提性的伦理性问题，这种问题使得对于平台垄断问题治理的思考进入了一种伦理视域，即"数字经济伦理"的视域。

比如，一些学者认为，赢家通吃的市场是数字化时代的生存逻辑（布莱恩约弗森、麦卡菲，2014）；平台作为改变世界商业模式的力量，误导并操控公众行为（帕克等，2016）；平台资本主义意味着赢家通吃，且具有垄断的自然倾向，是一种靠"网络效应"和"扩张效应"而又符合"市场正确运转"的"自然垄断"的产物，因而平台垄断者极具竞争性，通过"贸易收益"来拓展市场（莫塞德、约翰逊，2017；斯尔尼塞克，2018）；而有的学者则认为平台垄断的说法是存疑的，尽管"互联网是一个赢家通吃的市场"，但存在"垄

---

[*] 作者简介：闫茂伟，1984年生，河南新蔡人，郑州轻工业大学马克思主义学院讲师，哲学博士，研究方向：应用伦理学。

断疑虑",所以对平台进行反垄断需要防止错误地运用反垄断法(徐晋,2007;于凤霞,2020)。不过,市场垄断导致的不平等交易、不正当竞争、消费者权益和社会公众利益受侵害等是学界公认的伦理问题(瓦姆巴赫、穆勒,2018;林子雨,2020;余达淮,2021)。这种某种程度上已经说明,平台垄断问题的治理已经进入经济伦理视域,只是在数字经济时代,它需要一个更为确切的视域,即"数字经济伦理视域"。

平台垄断近年来日益成为反垄断领域的热点话题,而它之所以"热",在于它的"新"与"难"。它的"新"是指平台垄断是平台经济、数字经济的产物,而平台经济、数字经济本身就是数字技术的新生物,尤其是数字经济则是继农业经济、工业经济等之后又一占据主导地位的新的经济形态;它的"难"是指在平台经济时代、数字经济时代,平台垄断面临的境遇是机遇与挑战并存、利益与风险同在,并且,挑战日益难以应对、风险日益难以控制。正因为平台垄断的"新"与"难",从理论到实践、从法律到道德、从企业到政府、从国家到国际等均在针对平台垄断问题开展研究与治理,试图让平台经济、数字经济走在健康的轨道上,为人类社会造福。也正因为如此,数字经济时代,平台垄断问题的治理至今仍处于探索与初试阶段,各种各样的法律法规、政策文件、道德协议、联合声明、自律宣言、行业公约等不断涌现,为平台经济、数字经济的健康发展添砖加瓦做出贡献。

而若从伦理学的视域来看,经济伦理似乎是治理平台垄断问题不能不选择的视域。毕竟,平台垄断本身就是平台经济、数字经济领域的垄断现象,其问题自然应受到经济伦理的关切。只是,平台垄断的"新"与"难"使得现有的经济伦理不能或难以满足平台经济时代、数字经济时代平台垄断问题的治理需求。这就需要新的视域对其进行新的研究与探索,这种新的视域便是"数字经济伦理视域"。那么,为什么要从数字经济伦理这一视域来研究平台垄断问题的治理呢?这里从三个方面予以回应。

一、经济正进行数字化转型

伴随着数字经济时代的到来,经济形态正在嬗变、商业模式正在变革,从生产力到生产关系、从生产到分配等各个领域、各个环节都在或隐或显地进行着数字化转型。一段时间以来,整个经济领域似乎被"数字化"完全"笼罩"了,"数字化转型"俨然成为数字经济时代的最强字符,"数字化转型"的呼声也成为这个时代的最强声音,而"数字化转型"的实施则成为这个时代的最强行动。

(一) 数字经济:新的经济形态

经济正在转型,那么这样一个过程到底是怎样的?这需要从数字经济的内涵和外延来看。而关于数字经济的定义,学界一直有争议,反倒是到了2019年9月20日,它有了一个官方的定义,即在G20杭州峰会发布的《二十国集团数字经济发展与合作倡议》中对数字经济作了界定:"数字经济是指以使用数字化的知识和信息作为关键生产要素、以现代信息网络作为重要载体、以信息通信技术的有效使用作为效率提升和经济结构优化的重要推动力的一系列经济活动。"[①]在这一定义中,数字化的知识和信息、现代信息网络、信息通信技术是最关键的。2021年6月3日,国家统计局公布了《数字经济及其核心产业统计分类(2021)》,其中也有对数字经济的定义:"数字经济是指以数据资源作为关键生产要素、以现代信息网络作为重要载体、以信息通信技术的有效使用作为效率提升和经济结构优化的重要推动力的一系列经济活动。"[②]同样,在这一定义中,数据资源、现代信息网络、信息通信技术是最关键的。

尤其是从中国信息通信研究院发布的有关数字经济(信息经济)历年报告中(表1)不难看出,数字经济是一个新型的经济形态,其内涵和外延在不断变化,而这种变化意味着一种转型正在上演。

---

① G20:《二十国集团数字经济发展与合作倡议》(2016-09-20)[2021-09-30],http://www.g20chn.org/hywj/dncgwj/201609/t20160920_3474.html.

② 国家统计局:《数字经济及其核心产业统计分类(2021)》(2016-06-03)[2021-09-30],http://www.stats.gov.cn/tjgz/tzgb/202106/t20210603_1818129.html.

表 1　数字经济的内涵、外延：基于中国信息通信研究院报告（2015—2021）

内涵	外延
信息经济是以数字化信息资源为核心生产要素，以信息网络为运行依托，以信息技术为经济增长内生动力，并通过信息技术、信息产品、信息服务与其他领域紧密融合，形成的以信息产业、融合性新兴产业，以及信息化应用对传统产业产出和效率提升为主要内容的新型经济形态。 来源：中国信息通信研究院.2015中国信息经济研究报告	1. 生产部分：信息技术创新、信息产品和信息服务生产与供给，包括电子信息制造业、信息通信业、软件服务业和由于信息技术的广泛融合渗透所带来的新兴行业等； 2. 应用部分：使用部门因此而带来的产出增加和效率提升，信息采集、传输、存储、处理等信息设备不断融入传统产业的生产、销售、流通、服务等，全要素生产率提高而引致的生产效率提升
信息经济是以信息和知识的数字化编码为基础，数字化资源为核心生产要素，以互联网为主要载体，通过信息技术与其他领域紧密融合，形成的以信息产业以及信息通信技术对传统产业提升为主要内容的新型经济形态。 来源：中国信息通信研究院.中国信息经济发展白皮书（2016年）	1. 基础部分：信息技术创新、信息产品和信息服务生产与供给，包括电子信息制造业、信息通信业、软件服务业和出现的新兴业态等； 2. 融合部分：使用部门因此而带来的产出增加和效率提升，包括传统产业由于应用信息技术所带来的生产数量和生产效率提升，其新增产出构成信息经济的重要组成部分
数字经济是以数字化的知识和信息为关键生产要素，以数字技术创新为核心驱动力，以现代信息网络为重要载体，通过数字技术与实体经济深度融合，不断提高传统产业数字化、智能化水平，加速重构经济发展与政府治理模式的新型经济形态。 来源：中国信息通信研究院.中国数字经济发展白皮书（2017年）	1. 数字产业化：也称为数字经济基础部分，即信息产业，具体业态包括电子信息制造业、信息通信业、软件服务业等； 2. 产业数字化：使用部门因此而带来的产出增加和效率提升，也称为数字经济融合部分，包括传统产业由于应用数字技术所带来的生产数量和生产效率提升，其新增产出构成数字经济的重要组成部分
数字经济是以数字化的知识和信息为关键生产要素，以数字技术创新为核心驱动力，以现代信息网络为重要载体，通过数字技术与实体经济深度融合，不断提高传统产业数字化、智能化水平，加速重构经济发展与政府治理模式的一系列经济活动。 来源：中国信息通信研究院.中国数字经济发展与就业白皮书（2018年）	1. 信息通信产业部分：包括电子信息制造业、电信业、软件和信息技术服务业、互联网行业等； 2. 数字经济融合部分：传统产业由于应用数字技术所带来的生产数量和生产效率提升，其新增产出构成数字经济的重要组成部分
数字经济是以数字化的知识和信息为关键生产要素，以数字技术创新为核心驱动力，以现代信息网络为重要载体，通过数字技术与实体经济深度融合，不断提高传统产业数字化、智能化水平，加速重构经济发展与政府治理模式的新型经济形态。 来源：中国信息通信研究院.中国数字经济发展与就业白皮书（2019年）	1. 数字产业化：即信息通信产业，具体包括电子信息制造业、电信业、软件和信息技术服务业、互联网行业等； 2. 产业数字化：即传统产业由于应用数字技术所带来的生产数量和生产效率提升，其新增产出构成数字经济的重要组成部分； 3. 数字化治理：包括治理模式创新，利用数字技术完善治理体系，提升综合治理能力等
数字经济是以数字化的知识和信息作为关键生产要素，以数字技术为核心驱动力量，以现代信息网络为重要载体，通过数字技术与实体经济深度融合，不断提高经济社会的数字化、网络化、智能化水平，加速重构经济发展与治理模式的新型经济形态。 来源：中国信息通信研究院.中国数字经济发展白皮书（2020年）	1. 数字产业化：即信息通信产业，包括但不限于5G、集成电路、软件、人工智能、大数据、云计算、区块链等技术、产品及服务； 2. 产业数字化：包括但不限于工业互联网、两化融合、智能制造、车联网、平台经济等融合型新产业新模式新业态； 3. 数字化治理：包括但不限于以多主体参与为典型特征的多元治理，以"数字技术＋治理"为典型特征的技管结合，以及数字化公共服务等； 4. 数据价值化：包括但不限于数据采集、数据标准、数据确权、数据标注、数据定价、数据交易、数据流转、数据保护等

(续表1)

内涵	外延
数字经济是以数字化的知识和信息作为关键生产要素，以数字技术为核心驱动力量，以现代信息网络为重要载体，通过数字技术与实体经济深度融合，不断提高经济社会的数字化、网络化、智能化水平，加速重构经济发展与治理模式的新型经济形态。 来源：中国信息通信研究院.中国数字经济发展白皮书（2021年）	1. 数字产业化：即信息通信产业，具体包括电子信息制造业、电信业、软件和信息技术服务业、互联网行业等； 2. 产业数字化：即传统产业应用数字技术所带来的产出增加和效率提升部分，包括但不限于工业互联网、两化融合、智能制造、车联网、平台经济等融合型新产业新模式新业态。 3. 数字化治理：包括但不限于多元治理，以"数字技术＋治理"为典型特征的技管结合，以及数字化公共服务等； 4. 数据价值化：包括但不限于数据采集、数据标准、数据确权、数据标注、数据定价、数据交易、数据流转、数据保护等

（来源：中国信息通信研究院）

经济形态正在经历着从传统农业经济到现代工业经济再到当下数字经济的嬗变，这样一种嬗变给人类经济带来的最大变化可能就是，数据不仅成为要素之一，而且将成为或正在成为主导要素和核心要素。万事万物似乎都有了数字化的表征，也有了一个新的存在形态——数字化存在，可谓"一切皆数"。就连人本身也是数据了或数字化的了，整个人类也面临数字化生存的问题。而当表征着包括人类自身的数据成为要素之后，数字经济的最大特征之一就是，人再也不能像农业经济时代、工业经济时代那样可以"置身事外"了，因为在数字经济时代，人无论何时何地都以这样或那样的数据存在于数字经济的万千世界里，即人可能一直以数据的形式置身于数字经济中。甚至即便人死之后，表征他的数据依然存在且还能显出其价值。如此一来，数字经济则是真正意义上的"本人经济学"。而表征万事万物的数据，不仅能将万事万物同质化（数据同质化，比如将不同甚至敌对的事物均指向消费领域甚至数据本身就可以用来买卖），也能将万事万物异质化（数据异质化，比如将同一事物的数据指向不同甚至截然相反的领域），但不论是同质化还是异质化，数据都要成为数字经济的要素。这样一种新的经济形态，是跨越时空、不分时辰、不分地域都能发生的经济形态，是人自身无论在场不在场、知情不知情、同意不同意都有可能发生的经济形态，是万事万物都可以同质化也可以异质化的经济形态。

可以说，数字经济的出现不仅囊括了农业经济、工业经济的一切，毕竟，农业经济、工业经济在数字经济时代也都可以数字化，也都可以成为数据。这里有一个显著的区别就是，较之于从农业经济到工业经济的转变是工业经济取代了农业经济，而从工业经济到数字经济的嬗变则是数字经济"融升"了工业经济，即将工业经济融合到数字经济之中并在融合中得到升华。这也就是为什么实体经济要进行数字化转型、数字经济要与实体经济相结合的原因之所在，即实体经济要在与数字经济的融合中得以升华，进而实现高质量发展。

（二）商业模式发生巨大变革

也就是在这样一种经济形态下，商业模式发生着巨大变革。以往那种通过媒介或商品、集市或商场等进行的商业活动，不仅受到一定时空地域的限制，也受到人与人之间、生产力与生产关系之间各种不同关系的影响。而在数字经济时代，这一切似乎都不用再担心，因为商业活动俨然成为随时随地、多元交互的活动，且是一种精准匹配的过程，而这完全依赖于数字平台尤其是数字经济平台、数字技术尤其是算法技术等。其中，平台不再是简单的线上线下单纯的买卖双方所在地或场合，它俨然是一种社区乃至社会在互联网、物联网上的投射或镜像，商业活动的各主客体、各要素、各环节等在这里互联互通、聚集分散、交流互动、谈判买卖、自治规约等，可谓包罗万象、囊括万千、各有所求、各有所取。并且，平台带给商业的最大变化之一就是，行为主体可以在多元交互中精准匹配地完成商业活动，且随时随地都可以进行精准的售后服务、权利主张、评价推荐等,这就导致这样的交互使得买卖双方角色、地位都有可能发生变化乃至互换。而之所以能够实现多元交互、精准匹配地完成,主要得益于数字技术尤其是算法技术等。包括计算机技术、互联网技术等在内的数字技术是数字经济得以产生、发展的关键,数字技术就像是数字经济的基础设施,它为数字经济搭建了平台并提供了挖掘数据这一核心要素的软硬件设施,尤其是算法技术为实现商业活动精准匹配提供了流动的神经元系统。

正是在平台、数据、算法等的支撑下,数字经济、数字化转型才得以进行。由此,也使得从生产力到生产关系、从生产到分配等各个领域、各个环节等都发生了显著而质性的变化。就整个经济活动而言,数字化、数字化转型似乎拥有牵一发而动全身的能量,使得整个经济格局发生重大的变化,第一产业、第二产业、第三产业也好,劳动资料、劳动对象、劳动者也罢,抑或生产资料所有制形式、人们在生产中的地位及其相互关系和产品分配方式,有关经济活动的一切内容与形式都在发生变化。可谓一切都在变化,而这个变化就是数字化或数字化转型。

一言以蔽之,经济正在数字化转型,而数字化转型必然要求经济伦理也要面向数字经济,以应对数字经济给经济伦理世界带来的挑战、解决数字经济中新生的各种经济伦理问题,其中就包括平台垄断问题。

二、经济伦理应数字化转向

一般来讲,每一种经济形态都有相应的经济伦理学说或经济伦理形态,数字经济也不例外。较之于农业经济、工业经济内在结构要素较为单纯的特点,数字经济有一个显著特征就是其复合性。数字经济至少具有平台、数据、算法等三个内在的结构要素,同时在资本的驱动下产生活动,这是农业经济、工业经济难以比肩的。可以说,数字经济是兼具组织枢纽性、要素持续性、技术工具性等为一体的复合型经济形态,同时不缺乏市场交易性、资本驱动性等特点。如果说农业经济、工业经济都是单纯的经济形态,就经济而言经济,那么数字经济则是一种复合的经济形态,经济之中内嵌着其他不可或缺的成分。

(一)数字经济需要与之相适应的伦理形态

正是这样的复合型经济形态,以往的或现有的经济伦理学说或经济伦理形态已然不能与之相对应,但现在的情形是数字经济不能没有伦理道德的成分,势必要求要有与之适应的经济伦理学说或经济伦理形态。由此,经济伦理便需要一种面向数字经济的转向,或者说经济伦理本身也需要数字化转型,即面向数字经济的转向。并且,这种转向势必需要或带来这样的变化。

一是经济伦理不再简单地就经济而谈伦理,而是要谈包括平台伦理、数据伦理、技术伦理等在内的且均可数字化的伦理议题,同时还要谈市场伦理、资本伦理、从生产到分配等诸多方面的伦理,而且必然也是在数字经济的视域下来谈。因此,数字经济的伦理空间将是由诸多"伦理模块"共同组成的,而且不同模块之间的关系在现有的经济伦理形态中是难以阐述的。

二是从上一点来看,在数字经济时代,经济伦理的内涵和外延均发生了重大变化,由此需要架构成"数字伦理"-"经济伦理"的全新经济伦理形态,即"数字经济伦理形态",且这样一种经济伦理形态首先是面向"数字"的,然后才是面向"经济"的,因为数字经济的核心要素是以数字为存在形态的"数据"。从数字劳动到数字货币、从数字产业到数字产品、从数字权益到数字收益等在数字经济伦理中将叠加而复合,"道在数中"即伦理在数字化的经济中。

三是但这并不意味着数字经济伦理以数字为本、以伦理为末或者说以数字伦理为本、以经济伦理为末。固然,数字经济是一种新的经济形态,与之相适应的经济伦理形态理应也是新的,但是经济伦理当中的基本伦理问题——道德与利益的关系和经济效率与公平正义的关系——依然是数字经济伦理的基本问题,只是在衡量和研究其基本问题时需要在数字世界里来展开,即需要在数字化的思维世界和现实世界中去考察数字经济的伦理问题,也就是说,需要一种新的经济伦理以适应数字经济时代①。

（二）数字经济伦理的核心议题

正因为如此,数字经济伦理在阐述与解决数字经济中的伦理问题时将面临更为复杂的局面。比如,在阐述和解决其中的道德与利益的关系时,谁之道德、谁之利益以及道德和利益何以、以何冲突的问题不再仅仅是显性的,很有可能是隐性的甚至是隐匿的,也有可能是黑幕之后的、真空世界的。再如,在阐述和解决其中的经济效率与公平正义的关系时,谁之数据以及由数据产生的经济效益归谁所有、数据的所有权与使用权不一致甚至错位、大型平台通过算法等数字技术造成的优势方压过劣势方等由此导致有失公平正义的问题,这些在法律上目前尚未确证,其背后的伦理问题很复杂但又有必要去考量。又如,从宏观、中观、微观不同层面探讨数字经济伦理将是未来经济伦理的新课题,国家乃至国际层面的数字经济伦理建构,包括数字经济时代企业伦理的构建问题在内的平台（型）企业及其治理的伦理道德问题②,以及个体的数字素养、数字文化等伦理道德教育等也是数字经济伦理的核心议题。

简言之,数字经济伦理是面向数字经济时代的经济伦理,或者说是经济伦理在数字经济时代的转化升级,是一种由"数字伦理"-"经济伦理"架构的全新经济伦理形态,而不是简单的经济伦理及其研究的数字化,或者说,经济伦理数字化只是其中的一个方面。这将是一个全方位的经济伦理上的新任务,需要学界做出一番努力以共同完成。显然,从上述的变化中不难看出,经济伦理的数字化转向是对数字经济时代的必然回应,因为数字经济时代的伦理问题必然也要得到关切,以此促进数字经济的健康发展。

三、治理范式需要进行转换

"数字化治理"是数字经济时代平台经济领域最主要的治理模式,这种模式是伴随着数字经济治理模式的演变而形成的。

（一）平台垄断问题：数字经济伦理的主导性问题

谈到数字经济时代的伦理道德问题,不能不关注数字经济中的平台垄断问题。正如美国学者莫塞德（Alex Moazed）、约翰逊（Nicholas L. Johnson）所认为的,平台垄断正在成为主导21世纪经济的力量③,平台垄断问题也将是数字经济伦理关切的主导性问题。之所以这样说,主要有以下两个方面的理由。

一方面,不论是作为数字经济核心生产要素的数据,还是作为数字经济关键生产工具的算法,都离不开作为数字经济时代主要组织基础的平台④,否则,再多的数据也是处于无限漫游中的无效数据,再好的算法也是处于束之高阁的无用算法。正如大量的自然资源需要由个人、团体或国家勘探发掘、应用加工等一样,海量的数据也需要由主体去收集获取、储存传输等,而算法就是系统能够将数据精准分析和利用的技术工具,但这种技术工具也需要平台去研发与运用。换言之,在这里,平台是主体,数据是客体,算法则是工具。显然,离开主体,客体便不成客体,工具也无价值可言。

另一方面,从平台垄断的表现形式来看,包括数据垄断、算法垄断、市场垄断、流量垄断、不正当竞争⑤等在内的垄断现象均是数字经济时代垄断的新问题,也是国内外学者关注的普遍的平台垄断问题。而这些问题之所以产生,正是平台作为"既成优势方"造成的。在数字经济时代,平台一旦形成,在互联网效应等的扩散下、在资本和利润的驱动下,便利用其近似"天然"的独特且巨大的优势造成垄断,这也是

---

① 参见蔡晓陈:《数字经济时代需要新的经济伦理》(2021-08-17)［2021-09-30］,https://baijiahao.baidu.com/s?id=1708319251369807926&wfr=spider&for=pc.
② 余达淮、金姿奴:《数字经济视阈下平台企业经济伦理探索》,《河南社会科学》,2021年第2期。
③ ［美］亚历克斯·莫塞德、尼古拉斯·L.约翰逊:《平台垄断:主导21世纪经济的力量》,杨菲译,北京:机械工业出版社,2017年。
④ 李丽红、尹伟贤:《数字经济背景下反垄断面临的挑战与应对研究》,《理论探讨》,2021年第2期。
⑤ 李勇坚、夏杰长、刘悦欣:《数字经济平台垄断问题:表现与对策》,《企业经济》,2020年第7期。

全世界都在积极发展数字经济的同时,不断合理、审慎地加强平台反垄断的原因之所在。垄断不反,数字经济难以健康繁荣发展;同样,平台不发展,数字经济也难以持续繁荣发展。可见,平台垄断问题似乎是一个"两难问题",反平台垄断的最终目的就是促进平台不断发展,最终有利于数字经济持续健康发展。甚至在很多情况下,平台垄断是必要的,反平台垄断的目的不是要让平台垄断消亡,而是要规避平台垄断导致的各种问题,防止平台利用其垄断地位制造对整个经济社会尤其是数字经济不利的状况和结果。

（二）数字化治理:平台垄断问题治理新范式

就平台垄断问题治理而言,对其进行科学而审慎的治理是必要的。从目前国内外学者、团体或国家有关平台垄断治理的论述和做法来看,对平台垄断进行价值引导、法治规约、协同监管、多元治理等是主流看法和做法,尤其是在实践操作上,须是科学而审慎的。从这样一种主流看法和做法中不难看出,平台垄断本身并不是万恶的和十恶不赦的,平台垄断问题才是治理的对象。然而,就已有的针对传统的企业垄断之治理模式来说,它在很大程度上是不能满足数字经济时代平台垄断问题的治理的。确切地讲,国内外学者均建议要从生态的视角来治理平台垄断问题。就是说,要将数字经济看成是一种具有自身生态系统的经济形态,而对其中的平台垄断问题的治理固然需要在生态视角下进行。理由很简单,数字经济已不是简单的能够通过单一的模式发展起来、发展得好,而是要在汇集了双边或多边市场关系的平台世界中去发展,并在发展中对平台垄断问题加以治理。由此,为了因应这样一种生态经济形态,平台垄断问题治理也需要一种新的范式,这就要求现有的反垄断需要来一次"范式转换",以适应数字经济时代的发展需要。

而就平台垄断问题的道德治理而言,也必然需要在数字经济伦理的视域下来展开。由此,数字经济伦理视域下平台垄断问题治理,就是要在数字经济伦理视域下对平台垄断导致的伦理问题从道德治理的视角加以治理。

四、数字经济伦理规则刍议

数字化治理的一个核心议题是将传统的注重事后监管转向注重事前事中并兼顾事后的治理模式,可以说,"规范＋监管"是其重要特征,也是其基本范式。因此数字规则就显得格外重要。正如2021年的政府工作报告所指出的:"国家支持平台企业创新发展、增强国际竞争力,同时要依法规范发展,健全数字规则。"[①]数字经济伦理视域下的"数字规则"之于数字经济、平台经济而言,便是一种可以统称为"数字经济伦理规则"的数字规则。

（一）数字经济伦理规则的价值理念

总体而言,数字经济伦理规则遵循"以人为中心＋命运与共"的基本价值理念,在德性与规则或规范伦理学的视角下,从数字伦理(包括但不限于数据伦理、以计算机伦理与人工智能伦理为主的科技伦理)和经济伦理(面向国际经济伦理和国内经济伦理两个"伦理场"的市场伦理)交叉的双重视域,重点研究数字经济伦理规则的内涵和外延、数字经济伦理规则的生成逻辑、数字经济伦理规则的基本原则、以人为中心的数字经济伦理规则的制定、数字经济伦理规则的中国智慧和国际贡献、数字经济伦理规则的执行线路图、命运与共的数字经济伦理规则愿景等。

（二）数字经济伦理规则的主要内容

主要关涉以下几个方面的内容:

一是数字经济伦理规则的内涵和外延。基于数字经济的内涵界定,将数字经济伦理规则界定为规范数字经济秩序的伦理道德原则和准则。其外延既指向数字经济主体、要素、组织形式、数字基础设施

---

① 李克强:《政府工作报告——二〇二一年三月五日在第十三届全国人民代表大会第四次会议上》,《人民日报》2021年03月13日第1版。

等主客体,也指向国际和国内两个"伦理场"。其视角触及德性伦理或曰美德伦理与责任伦理或规范伦理,主要指向数字经济主体的德性或美德、规范或责任。

二是数字经济伦理规则的生成逻辑。基于数字经济健康发展以及治理监管的现实需要,以造福人类社会为目的,数字经济中的个体、组织尤其是平台、政府和企业、国家或地区、国际社会等应当遵循相应的伦理道德规范。关涉目的论、义务论和德性论的伦理原理和逻辑应用,以及它们在数字经济时代的创新性转换,以内在地生成数字经济伦理规则。

三是数字经济伦理规则的基本原则。包括但不限于目的论的幸福原则、义务论的道义原则、功利论的绝大多数人福利原则和德性论的品行原则。而这些伦理原则同样面临如何适用于经济伦理的问题,主要是如何在包括数据伦理、科技伦理在内的数字伦理以及包括市场伦理在内的经济伦理中得以体现与转化。与此同时,在数字经济治理和监管上,法律伦理、社会伦理、管理伦理等均需要在数字经济时代得以创新性转化,进而有利于促进包括平台经济在内的数字经济的健康发展。

四是以人为中心的数字经济伦理规则的制定。从国际和国内两个"伦理场"出发,在数字伦理和经济伦理的双重维度下,为维护人与人、人与数据、人与机器、人与平台等之间的正常关系和合理秩序,秉持为人负责的价值理念,制定数字经济伦理规则。这里面就包括数字经济伦理规则的中国智慧和国际贡献,尤其是从中国优秀传统伦理文化和当今先进伦理道德理念中挖掘其中的伦理价值和现实意义。

五是数字经济伦理规则的执行线路图。本着诚实守信的基本遵循,在利益相关者和责任相关者的双重治理框架下,对数字经济伦理规则的执行提供一种执行范式。在对利益相关者理论、利益相关者治理模式、企业社会责任理论、企业社会责任管理以及公司治理等进一步挖掘的基础上,整合数字经济优势、回应数字经济时代需求,基于角色美德和角色义务的伦理学分析,在利益共同体与责任共同体的框架下,探寻数字经济伦理规则"合作-担责-联合治理"的执行线路图。

六是命运与共的数字经济伦理规则愿景。基于"感同身受"的道德心理情操,在利益共同体和责任共同体的框架下,描绘数字经济伦理规则命运与共的美好愿景,为人类数字经济健康发展献言献策。尤其在加强数字经济伦理规则的国际交流与合作上,应本着人类命运共同体的理念,推动全球数字经济的健康持续发展,谋定国际数字经济伦理共识性原则或曰黄金法则。并在此过程中,总结中国数字经济体制机制的优势,为国际数字经济伦理规则的制定与践行提供中国智慧与中国方案。

结语

数字经济伦理规则旨在从伦理学的视角探讨数字经济伦理中的规则问题,但这样一种视角如何具体地呈现在平台垄断问题的治理上仍需要结合具体的实践需要和要求做进一步的研究,尤其是在数字经济伦理的学理论证及其应用上仍需要不小的学术努力。而采用社会学的一些方法尤其是网络调查,加上个案研究,对国内外近年的平台垄断问题及其治理加以分析,将有利于进一步研究数字经济伦理视域下的平台垄断问题治理,从而为数字经济伦理的伦理合理性提供更为确切的学理论证,以实现数字经济伦理在面向实务操作时展现出更为有力的道德力量。

参考文献

[1] 尼克·斯尔尼塞克(Nick Srnicek).平台资本主义[M]. 程水英,译.广州:广东人民出版社,2018.

[2] 阿里尔·扎拉奇(Ariel Ezrachi),莫里斯·斯图克(Maurice Stucke).算法的陷阱:超级平台、算法垄断与场景欺骗[M]. 余潇,译.北京:中信出版社,2018.

[3] 安德鲁·麦卡菲(Andrew McAfee),埃里克·布莱恩约弗森(Erik Brynjolfsson).人机平台:商业未来行动路线图[M]. 林丹明,徐宗玲,译.北京:中信出版社,2018.

[4] 亚历克斯·莫塞德(Alex Moazed),尼古拉斯 约翰逊(Nicholas Johnson).平台垄断:主导21世纪经济的力量[M].

杨菲,译.北京:机械工业出版社,2017.
[5] 杰奥夫雷·帕克(Geoffrey Parker),马歇尔·埃尔斯泰恩(Marshall W. Van Alstyne),桑基特·保罗·邱达利(Sangeet Paul Choudary).平台革命:改变世界的商业模式[M].志鹏,译.北京:机械工业出版社,2017.
[6] 科德·戴维斯,道格·帕特森.大数据伦理:平衡风险与创新[M].赵亮,王健,译.沈阳:东北大学出版社,2016.
[7] 三谷宏治.商业模式全史[M].马云雷,杜君林,译.南京:江苏凤凰文艺出版社,2015.
[8] 王少南.双边市场与反垄断:平台优势滥用及其规制研究[M].武汉:武汉大学出版社,2020.
[9] 林子雨.大数据导论:数据思维、数据能力和数据伦理:通识课版[M].北京:高等教育出版社,2020.
[10] 蒋岩波.互联网行业反垄断问题研究[M].上海:复旦大学出版社,2019.
[11] 李伦.数据伦理与算法伦理[M].北京:科学出版社,2019.
[12] 方军等.平台时代[M].北京:机械工业出版社,2018.
[13] 蓝云.从1到π:大数据与治理现代化[M].广州:南方日报出版社,2017.
[14] 程贵孙.互联网平台竞争定价与反垄断规制研究:基于双边市场理论的视角[M].上海:上海财经大学出版社,2017.
[15] 徐晋.平台经济学:平台竞争的理论与实践[M].上海:上海交通大学出版社,2007.
[16] 张森,温军.数字经济创新发展中的技术道德问题:基于经济学视角的分析[J].经济学家,2021(3):35-43.
[17] 张以哲.经济权力:大数据伦理危机的社会关系根源[J].华侨大学学报(哲学社会科学版),2021(2):5-15.
[18] 唐要家.数字平台反垄断的基本导向与体系创新[J].经济学家,2021(5):83-92.
[19] 周晓明,颜运秋.论反垄断法的伦理基础[J].西南政法大学学报,2014,16(3):20-26.
[20] 周灵方.反垄断法的伦理基础[J].道德与文明,2011(6):114-118.
[21] 陈志良,高鸿.数字化时代人文精神悖论之反思[J].南京社会科学,2004(2):8-12.
[22] 沃德.收集和使用网络用户资料的伦理问题研究[J].国外社会科学,2004(6):101-102.
[23] 李良玉.多元主义视角下的当代信息伦理研究[D].大连:大连理工大学,2017.
[24] 司晓.智能时代需要"向善"的技术伦理观[N].学习时报,2019-08-14(006).
[25] 余达淮,金姿妏.数字经济视阈下平台企业经济伦理探索[J].河南社会科学,2021,29(2):11-17.

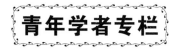

何谓"我们"？

——集体意向性研究中的第一人称复数进路

武小西

（东南大学 人文学院，江苏 南京 210096）

> **摘　要**：当代现象学前沿的集体意向性研究，分析共享性（sharedness）的根源和构成。考察关于共享性分析的第二人称进路和第一人称复数进路的争论——"你-我经验"和"我们经验"何者为先——论证第二人称进路无法解释一些重要的集体现象，比如双方进行激烈争辩，尽管有显著的对抗性，却仍有可能构成共享性经验。因此，诉诸共同世界的第一人称复数进路比诉诸面对面互动并与对方相融合的第二人称进路具有更强的解释力。这个论证也为经典现象学文本阐释提示了新思路，比如《存在与时间》中"在-世界-之中-存在"之于"共在"的优先性。
> **关键词**：集体意向性；共享性经验；第二人称互动；第一人称复数；共同生活

一、共享性问题的提出：第二人称和第一人称复数何者更基础？

　　共享性（sharedness）或集体性（collectivity）该如何理解？哲学史上很多哲学家在不同历史阶段，从不同角度对这个以及类似问题进行过探讨。比如亚里士多德在古典哲学视域谈论城邦生活，卢梭在现代哲学开端提出"普遍意志"，舍勒详细区分并讨论各种"分享情感"现象，海德格尔勾勒出"共在"概念，等等这些，都是在切入集体性或与之紧密相关的重要现象。从严格意义上说，这些研究尽管围绕着相似的话题，却并不直接相关。因为古代哲学、早期现代哲学，以及现象学和存在主义哲学各自预设了不尽相同的概念构架和运思范式，比如古代哲学以城邦之内的共同生活为基本背景，"集体行动如何可能"所追问的共享性的根据无法成为问题。而现代哲学的出发点是个人和个人意志，现代以来的社会科学也盛行"方法论个体主义"，在此背景下，古代哲学看作理所当然的人类生活共同体，则成为反思对象，需要在新的基础上得到构建。

　　约翰·塞尔 1990 年发表了《集体意向和行动》，提出了如何解释集体行动或集体性的问题。集体不能完全化约为构成集体的个体，但超越了个体之总和的集体究竟带有什么特质，又难以得到清晰确认。以塞尔这篇文章为源头，近三十年来分析哲学涌现出很多探讨集体意向性（collective intentionality）或共享行动性（shared agency）的研究，代表人物有 Michael Bratman、Margaret Gilbert、Kirk Ludwig 和 Facundo Alonso 等。这批研究从自由自愿的个体出发，分析集体行动如何可能，并希望由此构建出多个层面上的集体性：小范围的共同行动、中间范围的组织或机构，以及宏观上的国家和跨国组织。这批成果具有的共同特点之一，便是方法论个体主义：以个体性作为出发点和构成要素（building blocks），认为集体是由个体之间的沟通互动构建而来[①]。个体主义方法论使得这组研究面临两个共同难题。首

[①] Hans Bernhard Schmid（2009：26-28，155-156）也把这种方法论上的个体主义称为"笛卡尔式的洗脑"（Cartesian brainwash）。

先,根据行动哲学原则,个人只能根据自己的意图行动(act on one's own intention),那么个人如何根据集体意图行动(act on the collective intention)呢? 其次,通常说来,只有个人才能具有精神状态(mental state),意图(intention)是一种精神状态,所以只有个体才能具有意图。那么"集体意图"该如何理解,是否仅是一种隐喻? 这一领域的大部分哲学家试图在避免设置集体心灵(collective mind)的前提下,寻找解释集体行动何以可能的论述。

近二十年来现象学界也注意到这批关于集体意向性的研究①,在挖掘早期现象学中关于集体性构建的理论资源的同时,也在研究前沿展开了讨论,其中最受瞩目的是丹麦著名现象学家 Dan Zahavi② 和维也纳大学政治与社会哲学讲席教授 Hans Bernhard Schmid③ 之间关于共享性的论辩,这里的"共享性"是指"我们经验"(we-experience),即人与人之间形成一个整体的共享经验。一个典型的例子,便是舍勒谈论共享情感时所描述的,夫妻双方在早逝的孩子的床前一同悲伤——这个悲伤为他们所共享,他们并非各自悲伤,而是一同悲伤,并在这个悲伤中形成了一个整体。Zahavi 和 Schmid 的关注焦点是,究竟是第二人称互动("你-我经验")还是源初的第一人称复数("我们经验"),对于理解共享性构成最基础性的作用。接下来笔者将介绍和分析 Schmid 和 Zahavi 的争论,并通过描述一个重要的集体现象,来论证 Schmid 的第一人称复数进路比 Zahavi 所主张的第二人称进路更具解释力。

Schmid 反对方法论个体主义。根据方法论个体主义,集体由个体构建而来,个体通过和彼此的交流和沟通来生成集体。这一思路的最典型代表是斯坦福大学教授迈克尔·布拉特曼(Michael Bratman)④。他论证说,集体性在于个体意图之间的复杂关联枢纽,在于参与者各自的意图以彼此为前提而生成、依赖并维持的关系网络。尽管我的或你的意图仍然是我个人的或你个人的意图,但意图的内容表达出并构成了我们一起行动的集体性。多个参与者一起计划并完成集体行动,参与者之间要有充分的相互知识(mutual knowledge),知道彼此都有意愿一起做这件事——相互知识也可看作创造出一个认知意义上的公共空间。Schmid 提出反驳,论证这种通过个人意图以及人与人之间的沟通来构建集体的思路涉及循环论证,因为沟通本身已经预设了对话的可能性——而对话之所以可能,正是需要解释的,是论证的目标而非前提⑤。换言之,个体之间的互动本已是共同行动,本已是一种共享性。从这个现象出发,并不能解释互动本身是如何可能的。因此,我们需要找到一种不诉诸个体间互动的方法,更深入地探究共享性的根源。

很容易分析出,诉诸个体间互动以解释共享性的进路,植根于本体论上的个体主义预设。既然在本体论层面,最基本的存在物是个体,集体必须由个体间的沟通互动所构成,便是很自然的思路了。所以,一旦诉诸个体间互动的方法受到质疑,本体论上的个体主义便不能成为理所当然的研究起点。Schmid 不预设本体论个体主义,而是从"个体间的互动如何可能"这个问题出发,回到塞尔 1990 年《集体意向和行动》一文中提到的"关于我们的感觉"(a sense of us)⑥,论证正是一种源始意义上的"关于我们的感觉",使得沟通互动成为可能。他认为这种日常经验中为大家所熟悉的"关于我们的感觉",即"我们经

---

① 例如 Hans Bernhard Schmid 的瑞士国家基金(Swiss National Fund, 2006-2010)研究项目:"集体意向性:现象学视角"(Collective Intentionality: Phenomenological Perspective)。Dan Zahavi 在 2019 年获批的欧洲研究委员会(European Research Council)项目:"我们是谁? 自我同一性、社会认知和集体意向性"(Who Are We? Self-identity, Social Cognition, and Collective Intentionality)。

② Dan Zahavi, "You, Me, and We", "You, Me, and We: The Sharing of Emotional Experiences", in: *Journal of Consciousness Studies*, 2015(22), pp.84-101; "Self and Other: From Pure Ego to Co-constituted We", in: *Continental Philosophy Review*, 2015(48): pp.143-160; "The Primacy of the 'We'?", with Brinck and Reddy, in: *Embodiment, Enaction, and Culture*, Cambridge: MIT Press, 2016, pp.131-147; "Second-person Engagement, Self-alienation, and Group-identification", in: *Topoi*, 2019, 38 (1): pp.251-260.

③ Hans Bernhard Schmid, "Plural Self-awareness", *Phenomenology and the Cognitive Sciences*, 2014(13): pp.7-24; "The Subject of 'We Intend'", *Phenomenology and the Cognitive Science*, 2017, 3(3), pp.1-13.

④ Michael Bratman, *Shared Agency: A Planning Theory of Acting Together*, Oxford: Oxford University Press, 2014.

⑤ Hans Bernhard Schmid & David Schweikard, "Collective Intentionality", *Stanford Encyclopedia Entry*, 2013.

⑥ John Searle, "Collective Intention and Action", in: *Intention in Communication*. Cambridge: MIT Press, 1990, p.415.

验"(we-experience),是由复数性前反思自我意识(plural pre-reflective self-awareness)所构成的。那么,具体应该如何理解复数性前反思自我意识呢？简要地说,Schmid 的论证是基于关于前反思自我意识的现有研究,将其从个人(单数)层面拓展到集体(复数)层面。

在关于前反思自我意识的现有研究中,前反思自我意识是个人的自我意识,它是伴随着人的精神状态(mental state)的非主题性(non-thematic)意识。也就是说,前反思自我意识并不以某个精神状态为对象,因此不是反思性的。它也不以专题化的方式和其他精神状态相连接,而毋宁是伴随式的,伴随着所有精神状态,使自我能够意识到这些状态都是自己的状态。所以,根据关于前反思自我意识的现有研究,前反思自我意识有以下三个特点：(1) 让自己意识到,自己所感知到的精神状态都是属于自己的——建立精神状态的所有权(ownership);(2) 把自我从世界之中标识出来,形成自己的视角(perspective);(3) 为自己的精神/心灵(mind)达到最基本的一致性和一贯性提供驱动力(driving force)——从规范性角度来统合和组织自己的精神/心灵。正是因为前反思自我意识在这三个方面的作用,前反思自我意识在最基础的意义上构成着自我。

Schmid 认为,我们即复数性自我,如同个人的自我由前反思自我意识所构成,复数性自我同样也是经由前反思自我意识构建而成,即复数性的前反思自我意识在最基础的意义上构成"我们"——集体主体性。尽管复数前反思自我意识构成"我们"的方式和前反思自我意识构成"我"的方式并不完全相同,但这两个构成机制相似并相通,很值得探索它们之间的相似性究竟能达到何种程度。接下来不妨对照前反思自我意识构成"我"的三个方面,来看看复数的前反思自我意识如何构成"我们"：(1) 成员把各自的精神状态表达出来,复数前反思自我意识让我们意识到这些精神状态属于我们共有(common ownership);(2) 这些精神状态在成员之间是透明的,复数前反思自我意识使之形成一个共享视角(shared perspective);(3) 以上两点对集体主体性的连贯性形成规范意义上的驱动力(normative driving force),让成员尽量保持一致性。① 需要注意的是,复数前反思自我意识的以上三个作用并非集体主体的三个属性,而毋宁是它们一起构成着复数自我(plural self)或集体主体(collective subject)——换言之,它们就是集体主体,就是人们通常所说的"关于我们的感觉"(a sense of us)或集体感。所以,"我们"说到底就是复数性前反思自我意识。综上所述,与方法论和本体论的个体主义不同,复数前反思自我意识,即集体主体,并不由个体所构成,而是本然一体。集体和个体在逻辑上并不存在先后关系,甚至从某种意义上说,个体是从某种源初性共在背景中脱化而来的。换言之,个体性并不是一开始就有,而毋宁是从某种无差别的共性之中,通过自我构建的努力而赢得的②。

Zahavi 站在方法论和本体论个体主义的立场上反对 Schmid 的论证。他认为,集体性要解释人与人的共享(sharedness)。顾名思义,共享只能发生在人与人之间(in between),并因此预设了共享者的复多性(plurality),是多个人在彼此共享。Zahavi 接受了 Thomas Szanto 提出的共享性前提：复多性条件(the plurality condition)和整一性条件(the integrity condition)③。只有同时满足这两个前提条件,才能算作共享性经验。但根据 Schmid 的观点,共享主体由复数前反思自我意识构成,而复数前反思自我意识是本然一体的,并不由多个个体所构成,那么共享如何可能发生呢？毕竟,从概念上说,共享要以多个个体的存在为前提,是这些复多的个体与彼此分享。Zahavi 论证说,人我之分(self-other differentiation)不仅先于集体,而且保留在集体之中,集体的统一性是复多的统一。也就是说,集体是保留了复多性的统一体,是一中有多的存在。

---

① 需要注意,这里所说的成员之间的一致性,仅仅是指个体作为特定成员时,需要与其他成员保持一致。而不是说,个体作为个体也要与他人保持一致。

② 参考海德格尔《存在与时间》中关于"常人"(das Man)与本真此在的论述。此在首先并主要是作为无差别的常人而存在,具有个体性的本真此在需要自己去赢得。

③ Zahavi 接受了 Thomas Szanto 提出的共享性前提：复多性条件(the plurality condition)和整一性条件(the integrity condition), "Husserl on Collective Intentionality", in: *Social Reality: The Phenomenological Approach*, Dordrecht: Springer, 2015, pp.145-172.

Zahavi 诉诸发展心理学进行论证，因为他认为 Schmid 的集体自我意识在本体论上先于个体自我意识的观点，是由发展心理学的研究所支持的：一些发展心理学家认为，婴儿和幼童最初并没有清晰的人我之分，自我意识是以后才慢慢从世界整体中分离出来的。但近些年也有研究挑战这一观点，认为婴儿从一开始便能够意识到自我和世界的区别，并进一步推测，人我之分其实是先天的。Zahavi 进一步举出面对面互动(dyadic interactions)和共同注意力(joint attention)现象：根据发展心理学研究，前者作为第二人称互动雏形的面对面互动，在婴儿六周大的时候便已经发生，比如相互凝视、根据共同节奏来模仿对话，等等。但是作为"浑然一体"人我不分的共同注意活动(triadic interactions)，则发生在婴儿7—9个月大的时候，比如婴儿和护理员一起把注意力投向某个事物，在对这个事物的共同关注中获得某种仿佛人我不分的共同感。因此，从发展心理学的角度，强调人我之分的第二人称面对面互动，先于在意识上与他者浑然一体的共同注意力活动。在 Zahavi 看来，这个证据支持人我之分先于集体并在集体中得到保留的观点。

Zahavi 的论证在两个层面值得商榷。首先，Schmid 尽管的确援引过发展心理学领域关于人的自我意识的研究结果，但这一援引在他论证中并不起作用，而毋宁仅仅是作为论证之后的一个印证，而不是论证之中的一个逻辑环节。况且，发展心理学关于人的意识发展进程中究竟是先出现自我意识还是先出现集体意识，并没有统一的结论。人的集体意识先于个体自我意识出现，也仍然是占据主流的观点，尽管存在相反的观点，但至多只是证明在这个问题上，该领域仍然处于争鸣阶段，并不支持 Zahavi 所希望论证的结论。其次，实证科学的研究结果和哲学观点之间并无直接关联，不能直接用来支持或反驳某个哲学论点。因为同一个实证科学的实验可以有不同的阐释方式。比如婴儿在六周大时便可以在护理员的引导下进行与人相互凝视等活动，这个现象也可以很自然地阐释成护理员是在激发和培育婴儿的能动性(agency)，而不是两个已经具有了成熟能动性的个体在进行互动。接下来，笔者将详细解释 Zahavi 所强调的第二人称互动究竟指什么，并在此基础上，对 Zahavi 和 Schmid 的争论做出进一步的分析和判断。

二、前反思的共同生活与共同体的反思性构建

Zahavi 所要反对的，并非共享性经验具有某种仿佛浑然一体的整一性，事实上，如前所述，他接受 Szanto 所提出的共享性经验的两个条件：复多性和整一性。Zahavi 所反对的，是在解释共享性时把整一性置于复多性之前。他认为共享性生成于复多个个体的第二人称互动，整一性是第二人称互动的结果，而非前提。那么，他所说的"第二人称互动"究竟指什么呢？"第二人称视角包括了你和我之间的互惠性关系，其中和作为你的你相连接的独特方式，便是你同时也以第二人称视角对待我，把我作为你的你……简而言之，采取第二人称视角便是参与到一种主体-主体(你-我)的关系当中，我们意识到彼此，同时也意识到自己处于宾格中(in the accusative)，被对方所关注所致意。"[①]在这种第二人称互动活动中，参与者向彼此显现自身(mutual manifestation)，并经验到对方视角中的自己——仿佛经由对方的眼睛看自己——这时，人会意识到自己是"我们中的一个"，一个经由沟通行动所生成的人际间统一体得以确立。由此，共享经验的整一性经由复多性而实现，是在复多个个体之间的第二人称活动中生成的。

Zahavi 注意到两个正在激烈争吵的路人，也算是在进行第二人称互动，因为他们的争吵活动满足他所描述的第二人称活动的各个条件：每个人都意识到自己在对方视角中以宾格的方式显现，他们关注彼此并面对面地根据对方的言行作出反应。但是，双方的对抗性太过显著，争吵双方似乎仅仅体现出复多

---

① "…the second-person perspective involves a reciprocal relation between you and me, where the unique feature of relating to you as you is that you also have a second-person perspective on me, that is, you take me as your you…In short, to adopt the second-person perspective is to engage in a subject-subject (you-me) relation where I am aware of the other and, at the same time, implicitly aware of myself in the accusative, as attended to or addressed by the other." Zahavi, "You, Me, and We", p.94.

性，而难以生成整一性，因此并不能构成复多的统一体，不能算作共享经验。因此 Zahavi 强调，共享经验仍应具有某种浑然一体的共同感，不能有明显的对抗性。只是这种没有对抗性的共同感不能先于第二人称互动出现，而是应该作为第二人称互动的结果浮现（emerge）出来。他引用一些早期现象学家对共同感的描述，体现出这种最终浮现出来的共同感更像前反思的经验，参与者在其中并没有意识到明确的或反思性的人我之分。[①]

我们要追问，倘若这种生成的整一性或共同感是前反思的且具有浑然一体性，人我之分在这种整一的共同感中是否仍然得以保留？更详细地说，Zahavi 所强调的第二人称互动——面对面的对话和交流——仅仅是生成这种前反思共同感的工具，在生成了共同感之后便消失，还是作为构成共同感的要素仍然保留在共同感之中？在 Zahavi 的文章里，这个问题似乎难以找到清晰的答案。

笔者要论证的是，与 Zahavi 的批评相反，Schmid 的观点反而能够允许某些对抗式的共享经验构成我们经验——比如共同体中的异见性论争——因此在最明显的意义上体现出集体的复多性，体现出一中之多。我们不妨先看一个例子：就某个观点进行争论的两个好友，尽管在具体问题上有激烈分歧，但他们的争论之所以可能，乃是基于对彼此的了解，是在共识基础之上的切磋和观点互换。在更大范围内考察，则是共同体之中持有不同意见的人群，尽管在具体意见上有分歧，分歧却是源于对共同体的关注和对共同善的关切，只是从不同视角，强调了不同方面的重要性。因此，他们的分歧恰恰是建立在共同感上，建立在"我们经验"的基础之上，以某种源初和背景性的共在为前提。这类分歧经验，尽管对抗性十分明显，却仍然是难得的"我们经验"，是分享和共有的特殊形态。这种内部成员之间具有对抗性的共同体，其作为整体的统一性毋宁是一种具有活力的动态性过程，是在对共同善的论辩之中澄清观念，加深并拓展所有共同体成员对共同善的理解[②]。

倘若把第二人称互动看作共同感的根基，这种根基便具有太大的偶然性：是否能够形成"我们"，形成共享性的我们经验，在很大程度上取决于双方是否在交流中同意彼此，是否能够消除对抗性，在具体问题上达成共识。这样便会造成一个后果：把使得共同体充满活性和动力的关于共同善的论辩看作形成共同体的对立面，把同时作为共享性条件的复数性和整一性对立了起来，仿佛共同体的统一性不能容纳成员之间对于共同善的争论，或当成员对于共同善进行论辩时，他们便不再构成共同体。如此一来，共同体的构成便建基于具体观点上的一致性，有可能会有导致顺从主义（conformism）的危险。但根据 Schmid 的第一人称复数进路，是否同意彼此的观点，是否达成共识，在共享经验的构成中并非最根本。最根本的是人类生活的根基处浑然一体的共同感，是我们知道我们共享着一个共同世界及其历史和传统，知道我们对这个共同体的热爱和关注，然后允许彼此在具体问题上持有不同观点，允许自己的共同体包含多样性。这样的共同体，便是复多的统一体，一中有多的聚集。其凝聚力，便是带有活力的生动的向心力。

第二人称互动的一个显著特点是其反思性：其成员总能意识到自己在对方视角中的反身性。把第二人称互动看作人类共同生活的根基的观点，似乎是希望把反思性活动看作共同体构建的基础，希望集体是理性化的构建。这非常符合启蒙理性的精神，也的确是一种值得向往的理想化情境。比较而言，Schmid 的观点则显得倾向于保守，他预设了已有的共同世界，这个共同世界是前反思的共在，也是最基础性的。这个描述更贴近于现实中的人类境况——共同生活并非完全由理性构建而来，在很大程度上是历史和文化的既有情境，人们"被抛入"其中并在其中被塑造，然后才能在这个基础上运用理性把被给予的共同生活改造成更符合自身理想的共在场域。

---

① 引自原文：Schutz, 1967：167；Husserl, 1973c：472，1952：pp.192-194.
② 如阿拉斯黛尔·麦金泰尔在《德性之后》一书中所说，"当一个传统在良好的秩序之中时，它总是部分地由关于善的论辩所构成，而对善的追求赋予这个传统以特定的目的和意义"。Alasdaire MacIntyre, *After Virtue*, South Bend: University of Notre Dame Press, 2007, p.287.

如此看来,Zahavi 和 Schmid 其实是在两个不同的意义上谈论共享经验和共同生活:传承而来的前反思共在和根据理性理想构建而来的与人共在。其实,共同生活并不局限于单一层面,人们本就在被给予的共同体之中寻求改善的方向和契机,在前反思的共在之中经由反思创造出更符合理想的共在机制和生存氛围。因此,我们不必在 Zahavi 和 Schmid 的论辩中做出非此即彼的选择,反倒可以把他们各自的理论看作在强调人类共同生活的不同方面,被给予的历史性语境和将由人们创造的理性化生存空间,后者以前者为基础,前者则是前人创造的积累和沉淀。

然而,Schmid 和 Zahavi 关于共享性的论述与其说已经解释了其根源和构成,不如说仍处在梳理问题和探求方向的起始阶段。Zahavi 批评 Schmid 的解释混淆了关于共享经验的三个相关但并不相同的问题①:社会关联性(social relatedness)、共同立场(common ground)和严格意义上的共享经验(sharedness)或我们经验(we-experience)。社会关联性是指人与人在一般意义上的相互关联,这是很弱的意义上的关联,比如同属于同一个国家的公民,说同一种语言,在同一种历史文化情境之中。共同立场则不预设持有共同立场的人之间具有何种链接,甚至完全不认识彼此的两个人也可以持有共同立场。严格意义上的共享经验或我们经验,则是两个或多个人在共同关切或共同行动中感到形成了一个共同体——we are in this together——所以一些研究共享行动性的学者,比如 Abe Roth,把关于共享性的研究的主要任务看作厘清"一起(together)"的含义和条件,究竟怎么样算作"一起"做某事,而不仅仅是某个共同行动的结果对成员自己的个人图有工具性作用。我们可以看到,人们有可能具有一般意义上的社会关联性却并没有共享经验,比如两个彼此不怎么相关的同国公民。相互不认识的人也有可能持有共同立场。因此,社会相关性和共同立场并不是构成共享性的充分条件。

Zahavi 进一步指出 Schmid 应当详细论述复数性前反思自我意识是如何构成复数自我或集体主体的,而这个复数自我和个人的单数自我之间又是怎样的关系。Schmid 强调他的复数自我即集体主体理论并不意味着在集体之中单数自我不存在。但是他并没有提供解释,以说明单数自我究竟在满足何种条件的情况下,才能构成一个复数自我或集体主体。从上面的论述来看,一个令人满意的解释应当具有理论资源以区分一般意义上的社会关联性、具体问题上的共同立场和真正意义上的我们经验即共享性。Schmid 并没有完成他的解释,他的现有工作让我们期待他接下来的论文能够在以上向度进行更充分的论述。

有意思的是,我们可以注意到,Zahavi 的第二人称互动进路也面临一个类似的问题。他强调双方在面对面的反思性互动的过程中生成一个共享性的统一体。这时我们需要询问的不仅是第二人称互动何以可能的深层社会性背景,还有为何是这两个,而不是别的个体会进入第二人称互动。换言之,为何是某些特定的个体能够进入这种相互关注且能够从对方的第二人称视角来反观自我的互动性活动。究竟是什么样的背景性条件,使得某些特定个体的第二人称互动成为可能?这个问题一方面是 Schmid 的理论的出发点——即解释互动究竟如何可能——另一方面也和我们向 Schmid 的理论所提出的要求殊途同归:特定个体如何从一般意义上的社会性关联的背景之中凸显而出,在互动之中生成一个共享性统一体,一个真正意义上的我们经验?这也是我们期待在两位哲学家接下来的作品中能够找到的思想进展。

三、结语:通过前沿回顾经典,"共在"与"在世界之中存在"

Zahavi 把自己和 Schmid 的关于第二人称进路与第一人称复数进路何者更基础的辩论,看作在解释共享性问题上胡塞尔式立场和海德格尔式立场的对立。这个对立,也正呼应了近几年在经典现象学阐释领域的一些辨析,以 Jo-Jo Koo 为代表的青年现象学家区分了理解共在或共同生活的两种思路。

---

① "The Primacy of the 'We'?", pp.137-138.

第一种以萨特、马丁·布伯和列维纳斯为代表,强调共在源于人与人面对面的相对和互动(face to face confrontation),他们的理论尽管在细节上各不相同,但共性是都很强调面对面或照面性(confrontational nature)在共在中的奠基性作用,这种思路在阐释人的共在问题上正是 Zahavi 所谈论的"第二人称进路"。另一种思路则以早期海德格尔和梅洛·庞蒂为代表,他们认为人的共在或社会性源于人们始终已经生存于其中的共同世界,共在仅是这个共同世界的一个属性,正是在这个共同世界的基础上,对话才是可能的①。显然,这是 Schmid 所倡导的第一人称复数的进路。

Koo 认为第二种思路,即早期海德格尔式的解释,更能捕捉到共在的本质。也就是说,共在概念在此在论中并非最根本的。此在作为共在植根于此在作为"在-世界-之中-存在",是后者使得前者成为可能。Koo 的论证大概分为两个步骤。首先,他解释了世界的作用,然后指出世界是人与人相照面(confront)的背景,它使得照面成为可能。根据海德格尔的观点,世界是人类生活的意义整体和人之能动性的使能条件(enabling condition)。构成世界的习俗、惯例和约定是人们理解他人和自身的前提,它们使得理解成为可能,也先天地限定着理解的边界。换言之,世界规定了世界之中的一切事物——包括自身、他者、物,以及人和人、人和物的关系——的可能性②。那种认为面对面的互动是构成共在的基础的观点,其实是把世界看作理所当然在那(taken for granted),没有意识到他者的出现,自我与他者的照面,都是由世界这一社会性语境所居间的(mediated)。并不存在抽象、超乎一切规范性语境(normative context)的照面。人们总是在特定的、具有情境性意义的语境中与彼此照面。所以,同时作为使能条件和限制性条件的世界,奠基了人与人之间的互动。人们总是始终在共享的社会性语境之中,从解释力上来说,人们所共享的世界先于面对面的相遇(face-to-face encounter)。

而另一方面,近几年在英语学界,也有不少重要学者挖掘出了海德格尔的共在概念,比如 Stephen Darwall 基于共在发展出第二人称伦理学③,现象学家 Steven Crowell 接受了第二人称伦理学的思路,运用克里斯汀科·科斯嘉德的康德主义能动性理论的思想,通过共在概念阐释此在作为本真能动者的社会性④。简言之,Crowell 论证良知即本真此在的理由交换(reason exchanging),因为本真性意味着此在对自己负责(verant-wortlich)——负责即应答(answerable),随时准备着对他人有所应答。这种倾听-应答的实践让自我和他者都进入了理由的规范性空间(normative space of reason),在其中人与人之间的理由交换构成了良知。在 Crowell 看来,理由交换是对话性的,是人和人面对面的相逢和互动,这种第二人称的活动构成了人与人共在的基础。正是这种人类活动的对话性质(dialogical nature)构成了人的社会性⑤。

可以看到,Zahavi 和 Schmid 在当下现象学前沿关于共享性的争论,不仅是胡塞尔式立场与海德格尔式立场之间的争论,也呼应并相通于经典现象学阐释中关于人类共同生活的阐释的不同进路,一方强调面对面的反思性互动对于构成人类共在所起的关键作用,另一方强调使得这种互动成为可能的深层背景性根基。我们期待在此基础上,能够发展出综合这两方面的关于人类共同生活的理解,在加深对于人类共同生活的理解的同时,更清晰地理解自我意识和共同生活之间的区别与关联。

---

① Jo-Jo Koo, "Concrete Interpersonal Encounters or Sharing a Common World: Which Is More Fundamental in Phenomenological Approaches to Sociality?", in: *Phenomenology of Sociality: Discovering the "We"*, New York: Routledge, 2016, pp.93-106.
② Jo-Jo Koo, "Early Heidegger on Sociality", in: *The Phenomenological Approach to Social Reality*, Studies in the Philosophy of Sociality, Springer, 2016, pp.91-119.
③ Stephen Darwall, "Being-with", *The Southern Journal of Philosophy*, Spindel Supplement, 2011, 49, pp.4-24.
④ Steven Crowell, "Second-person Phenomenology", in: *Phenomenology of Sociality: Discovering the 'We'*, Thomas Szanto and Dermot Moran(eds.), New York: Routledge: 70-92.
⑤ Steven Crowell, "Sorge or Selbstbewusstsein? Heidegger and Korsgaard on the Sources of Normativity", *European Journal of Philosophy*, 2007, 15(3): 315-333; *Normativity and Phenomenology in Husserl and Heidegger*, Cambridge: Cambridge University Press, 2013.